水利工程 BIM 及建模基础

程红强　韩菊红　主编

黄河水利出版社
· 郑 州 ·

内容提要

本书介绍了BIM基本概念及其在水利工程中的应用,结合相关案例讲解了基于Revit的BIM建模基本原理与应用方法,重在实用与操作。

本书可作为高等院校水利类专业及相关专业教材,亦可作为水利类专业技术人员的参考与培训用书。

图书在版编目(CIP)数据

水利工程BIM及建模基础/程红强,韩菊红主编. —
郑州:黄河水利出版社,2022.12
ISBN 978-7-5509-3490-0

Ⅰ.①水…　Ⅱ.①程…②韩…　Ⅲ.①水利工程-计算机辅助设计-应用软件　Ⅳ.①TV222.1-39

中国版本图书馆CIP数据核字(2022)第243818号

组稿编辑:王志宽　电话:0371-66024331　E-mail:wangzhikuan83@126.com

出　版　社:黄河水利出版社
　　　　　地址:河南省郑州市顺河路黄委会综合楼14层　　　邮政编码:450003
发行单位:黄河水利出版社
　　　　　发行部电话:0371-66026940、66020550、66028024、66022620(传真)
　　　　　E-mail:hhslcbs@126.com
承印单位:河南承创印务有限公司
开本:787 mm×1 092 mm　1/16
印张:11
字数:254千字
版次:2022年12月第1版　　　　　印次:2022年12月第1次印刷
定价:48.00元

前　言

随着 BIM 技术在建筑领域等的蓬勃发展,BIM 在水利工程中的应用也得到不断发展。本书从初学者的角度出发,介绍了 BIM 基本概念、水利工程中 BIM 的应用情况及基于 Revit 的 BIM 基本建模方法,结合相关案例重点介绍建模基本原理与应用方法。

本书共分 12 章,主要内容包括 BIM 概述、Revit 概述、建模准备、基本模型创建、Revit 族、体量、场地建模、钢筋建模、导出与出图、模型后期应用、水利工程典型建筑物建模实例、模型修改与编辑及常用快捷命令等。

本书为校企合作编写,由郑州大学联合黄河勘测规划设计研究院有限公司、河南省水利勘测设计研究有限公司等单位共同编写。具体分工为:郑州大学程红强编写第 2~10 章、第 12 章;郑州大学韩菊红编写第 1 章;黄河勘测规划设计研究院有限公司吴昊、河南省水利勘测设计研究有限公司马俊青编写第 11 章。本书由程红强、韩菊红担任主编,并负责全书统稿。

本书有些材料引自相关网站、专著、教材等,在此一并致谢!

限于编者的水平,书中难免有不妥之处,诚恳地希望广大读者批评指正。

作　者

2022 年 11 月

目　录

1　BIM 概述

1.1　BIM 基本概念

BIM 是什么？由于发展时间较短，技术更迭快，且各国家、地区 BIM 发展的进程、建筑物特点不同，对于 BIM 概念还未有一个统一的定义，部分国际机构有关 BIM 的定义如下：

美国国家建筑科学协会（National Building Institute of Sciences，NIBS）：BIM 是利用计算机软件技术建立起的信息模型，包含了建筑项目在生命周期中的所有信息，建筑项目各参与方可以更加直接有效地获取建筑信息，完成建筑的开发与维护。此定义的一个基本前提为建筑全生命周期中各参与方之间的自由协同作业，包括在建筑模型中插入、修改、获取信息，并不受其他技术阻碍，能充分体现出各参与方的职能。

国际设施信息理事会（Facilities Information Council）：BIM 是通过平台和统一的标准，将建筑物各类信息以各种形式自由共享，其允许各参与方对建筑物数据信息自由地插入、更改、提取，以达到协同作业，充分发挥 BIM 概念的优势，为各参与方完成职能提供更好的支持。

新加坡建设局《BIM 指南》：BIM 包括了建筑模型的建立、建筑信息的共享，以及各方协同作业的工作模式。模型的建立精确度将决定了由模型生成的数据质量，而建设项目各参与方的工作模式及工作目的决定了建筑数据信息的使用效率及使用方法。

我国于 2017 年 7 月 1 日起实施的国家标准《建筑信息模型应用统一标准》（GB/T 51212—2016）中对 BIM 定义如下：BIM（Building Information Modeling，Building Information Model）建筑信息模型：是指在建设工程及设施全生命期内，对其物理和功能特性进行数字化表达，并依此设计、施工、运营过程和结果的总称。

随着发展的不同阶段，BIM 有不同的概念和内涵。目前，对于 BIM 中的 M，也就有了三种不同含义的解释，包括：静态的"Model"，侧重于模型；动态的"Modeling"，侧重于项目全生命周期的应用；"Management"，侧重于项目全生命周期的管理应用。

总地来说，BIM 一般具有以下特点：

（1）建筑信息模型可视化。可视化即"所见所得"的形式，对于建筑行业来说，可视化的真正运用在建筑业的作用是非常大的，例如经常拿到的施工图纸，只是各个构件的信息在图纸上采用线条绘制表达，但是其真正的构造形式就需要建筑业从业人员去自行想象了。BIM 提供了可视化的思路，让人们将以往的线条式的构件形成一种三维的立体实物图形展示在人们的面前；建筑业也有设计方面的效果图。但是这种效果图不含有除构件的大小、位置和颜色以外的其他信息，缺少不同构件之间的互动性和反馈性。而 BIM 提到的可视化是一种能够同构件之间形成互动性和反馈性的可视化，由于整个过程都是可视化的,可视化的结果不仅可以用效果图展示及报表生成,更重要的是,项目设计、建造、运营过程中的沟通、讨论、决策都在可视化的状态下进行。

（2）建筑信息模型协调性。协调是建筑业中的重点内容,不管是施工单位,还是业主及设计单位,都在做着协调及相配合的工作。一旦项目的实施过程中遇到了问题,就要将各有关人士组织起来开协调会,找各个施工问题发生的原因及解决办法,然后做出变更,采取相应补救措施等来解决问题。在设计时,往往由于各专业设计师之间的沟通不到位,出现各种专业之间的碰撞问题。例如暖通等专业中的管道在进行布置时,由于施工图纸是各自绘制在各自的施工图纸上的,在真正施工过程中,可能在布置管线时正好在此处有结构设计的梁等构件在此阻碍管线的布置,像这样的碰撞问题的协调解决就只能在问题出现之后再进行解决。BIM 的协调性服务就可以帮助处理这种问题,也就是说,BIM 建筑信息模型可在建筑物建造前期对各专业的碰撞问题进行协调,生成协调数据,并提供出来。当然,BIM 的协调作用也并不是只能解决各专业间的碰撞问题,它还可以解决例如电梯井布置与其他设计布置及净空要求的协调、防火分区与其他设计布置的协调、地下排水布置与其他设计布置的协调等。

（3）建筑信息模型模拟性。模拟性并不是只能模拟设计出的建筑物模型,还可以模拟不能够在真实世界中进行操作的事物。在设计阶段,BIM 可以对设计上需要进行模拟的一些东西进行模拟试验。例如:节能模拟、紧急疏散模拟、日照模拟、热能传导模拟等;在招标投标和施工阶段可以进行 4D 模拟（三维模型加项目的发展时间）,也就是根据施工的组织设计模拟实际施工,从而确定合理的施工方案来指导施工。同时,还可以进行 5D 模拟（基于 4D 模型加造价控制）,从而实现成本控制;后期运营阶段可以模拟日常紧急情况的处理方式,例如地震人员逃生模拟及消防人员疏散模拟等。

（4）建筑信息模型优化性。事实上,整个设计、施工、运营的过程就是一个不断优化的过程。当然优化和 BIM 也不存在实质性的必然联系,但在 BIM 的基础上可以做更好的优化。优化受三种因素的制约:信息、复杂程度和时间。没有准确的信息,做不出合理的优化结果,BIM 模型提供了建筑物的实际存在的信息,包括几何信息、物理信息、规则信息,还提供了建筑物变化以后的实际存在信息。复杂程度较高时,参与人员本身的能力无法掌握所有的信息,必须借助一定的科学技术和设备的帮助。现代建筑物的复杂程度大多超过参与人员本身的能力极限,BIM 及与其配套的各种优化工具提供了对复杂项目进行优化的可能。

（5）建筑信息模型可出图性。BIM 模型不仅能绘制常规的建筑设计图纸及构件加工的图纸,还能通过对建筑物进行可视化展示、协调、模拟、优化,并出具各专业图纸及深化图纸,使工程表达更加详细。

1.2　BIM 发展概况

20 世纪 70 年代,美国乔治亚技术学院建筑与计算机专业的 Chuck Eastman 博士发表了一篇论文,旨在用计算机数据及软件代替传统纸质建筑图纸,文中提出 BDS(building description system)系统,将建筑物看作三维空间的数据信息集合,这种假设便是 BIM 概念的早期雏形。

在美国、日本、新加坡等发达国家 BIM 已经得到广泛的应用,已在设计阶段、施工阶段以及建成后的维护和管理阶段应用。BIM 已经成为设计和施工单位承接项目的必要能力,受到广泛重视。大企业已经具备了 BIM 技术能力;BIM 专业咨询公司已经出现,十分活跃,为中小企业应用 BIM 提供了有力支持。不再是将 BIM 应用于建筑工程局部环节,现在已经可以集成项目交付工作模式。国外有关 BIM 应用软件的发展也已经比较成熟。

国外相关国家政府职能部门、行业协会、企业等不断出台相应措施及加大技术投入等,高效地推动了 BIM 的应用与发展。美国联邦政府总务署(General Service Administration,GSA)是倡议公营项目采用建筑信息模型的先锋。GSA 从 2003 年起建立建筑信息模型指引(BIM Guide Series),注重在联邦资产建筑计划之空间验证与设施管理并于实践过程中不断更新指引内容迄今。GSA 于 2007 年开始要求有受设计补助的大型项目,在设计时要提交 BIM(GSA BIM Guide, 2007)。美国国家建筑科学研究院(National Institute of Building Sciences,NIBS)于 2007 发行美国国家建筑信息建模标准(National BIM Standard,NBIMS)。在专业职业协会而言,美国建筑师协会(American Institute of Architects, AIA)及美国总承包商协会(The Associated General Contractors of America, AGC)分别制作了BIM 标准附约供美国实务界参考。

由图板手工设计到 CAD 辅助设计,是工程行业的第一次变革;目前,二维向三维的过渡和升级也将成为工程行业的第二次变革,BIM 在工程建设行业的应用势不可挡。早在 2010 以前,BIM 在国内还被称为 BLM(工程项目生命周期管理)。

2010 年被称作中国的 BIM 元年,从那时起国内很多大型建筑企业已开始尝试使用 BIM 技术,将其应用到复杂、特殊项目上。但那时的 BIM 还只是在设计领域鲜有发展,尤其是在建筑设计领域。住房和城乡建设部于 2011 年 5 月在《2011—2015 年建筑业信息化发展纲要》一文中明确指出要推进 BIM 技术从设计阶段向施工阶段的应用拓展,降低信息传递过程中的流失,研究基于 BIM 的建筑工程可视化施工技术,该纲要的颁布正式开启了 BIM 在中国工程施工行业中应用的大门。2015 年住房和城乡建设部发布《关于推进建筑信息模型应用的指导意见》,其中要求"到 2020 年末,以下新立项项目勘察设计、施工、运营维护中,集成应用 BIM 的项目比率达到 90%:以国有资金投资为主的大中型建筑;申报绿色建筑的公共建筑和绿色生态示范小区"。在相关政策的引导下,国内相关科研院所、企业等加大了 BIM 应用研究与推广,先后颁布实施了《建筑信息模型应用统一标准》《建筑信息模型施工应用标准》《建筑信息模型设计交付标准》等多项国家标准及地方 BIM 应用指南等。国内目前已经建立起初步的 BIM 生态系统,大型房地产开发商已经开始把 BIM 技术应用作为招标硬指标,一批业内领先的设计企业已经建立起较完善的 BIM 设计工作流程与工作平台,一些优质总承包企业已经完成了多个大型项目的 BIM 施工应用。

自此,BIM 对工程建设者而言已不再陌生。如今,国内各大设计院、大型施工单位均在不同程度地使用 BIM 技术,相关的 BIM 咨询单位也相继出现,可以说 BIM 技术在中国正发展得如火如荼。

1.3　水利工程 BIM 应用概况

随着 BIM 技术在建筑领域等的蓬勃发展,近年来,BIM 在水利工程中的应用也得到不断发展。在国家大力推动数字经济建设、企业数字化转型发展的战略背景下,《中共中央关于制定国民经济和社会发展第十四个五年规划和二〇三五年远景目标的建议》中,明确提出"发展数字经济,推进数字产业化和产业数字化,推动数字经济和实体经济深度融合,打造具有国际竞争力的数字产业集群"。水利部印发《关于印发加快推进智慧水利的指导意见和智慧水利总体方案的通知》,旨在帮助和指引企业明确数字化转型的基础、方向、重点和举措。

BIM 技术作为水利勘察设计行业数字化发展的重要手段和有效方法,深刻影响着水利工程的设计、生产和管理模式。基于多专业协同、三维可视化、数据集成等众多功能,BIM 技术赋予水利工程新的蓬勃动力;"BIM+GIS"、智慧工程、数字孪生等新技术在水利工程中得到广泛应用;基于 BIM 的工程建设管理平台、工程数据中心,有效支撑工程建设管理、控制工程质量。

《2020—2021 年度水利勘察设计行业 BIM 应用报告》显示,水利行业各单位应用推广 BIM 的出发点不同,主要表现为课题研究、投标演示、业主要求、提升企业形象、提高企业核心竞争力等,其中 45% 的设计单位应用 BIM 技术的目的之一是提高企业核心竞争力,33% 的单位的目的包含提升企业形象。各单位应用 BIM 技术之后,都认为应用 BIM 技术能够提高设计绘图效率,通过各专业间协同提高设计和出图质量,并且满足企业经营管理需要,提升企业软实力。BIM 技术的飞速发展,开展 BIM 应用的单位中超过 80% 都建立了单独的 BIM 中心,从事 BIM 建模和管理。专业技术人员熟悉工程结构,掌握 BIM 软件有利于 BIM 正向设计开展,56% 的设计单位由各专业技术人员负责 BIM 项目的模型创建以及深入应用;由 BIM 中心进行 BIM 项目建模与应用的单位占比 31%;也有 13% 的单位成立了单独的部门负责 BIM 项目建模和应用;调研的单位中没有一家将 BIM 建模与应用事情委托给外部单位进行。调研显示,当前 BIM 技术更多地用于设计阶段。超过70% 的设计单位将 BIM 技术应用于可研、初设和施工图设计等阶段;有 16% 的单位用于施工建设阶段;仅有 7% 的单位能够将 BIM 应用于运维阶段。水利行业中应用 BIM 技术的专业众多,其中使用 BIM 技术最多的是水工结构专业,占比 12%,其次是勘测专业和测绘专业,均占比 11%,用量占比达到 10% 的还有水机(工艺管道)专业。

水利部宣传教育中心 2020 年发布的《BIM 技术水利行业应用舆情汇编报告》统计表明,2019 年 11 月至 2020 年 12 月底,涉及 BIM 技术水利行业专项舆情信息共 2 000 余篇(条),多以国家决策部署、水利部门及地方政府多措并举加强 BIM 技术应用的报道为主。

BIM 技术已在国内白鹤滩、丰宁抽水蓄能电站、引江济淮等国内重大水利工程中得到了广泛应用。山东、湖南、重庆等国内诸多省、市行业主管部门已明确发文 BIM 为水利工程评标加分项目,甚至将 BIM 作为基本要求。如重庆市明确要求"到 2025 年,全市所有新建大中型水库工程和调水工程将全面应用 BIM 技术"。

在行业主管部门,建设、设计、施工、管理等水利相关部门及科研院所相关机构的引导、研究、应用推动下,BIM 技术在水利工程中将得到更加广泛、深入的应用。

1.4 BIM 技术路径

项目工程 BIM 实施方案应根据应用目标、应用具体内容选择不同的技术路线实施。BIM 在项目工程中的应用涉及业主方、设计方、施工方、运营管理方等,从项目前期规划、设计、施工,到建成后运营管理等,贯穿项目全生命周期。项目不同的角色、不同的阶段,其 BIM 应用的关注点不一样,如项目建设方,关注的是项目建设前期规划、建设过程、后期管理等过程中的质量、成本、进度计划等;项目设计方,关注的是设计阶段项目的模型创建、方案优化、模拟分析等;项目施工方,关注的是施工阶段工艺模拟、技术交底、进度计划、成本控制等。

图 1-1 为杨房沟水电站三维效果图。杨房沟水电站具有工程规模大、高拱坝、高边坡、施工交通布置困难等特点,根据需求的不同,项目 BIM 应用采用多系统技术方案实施:通过地质三维勘察设计系统 GeoStation 基于勘探数据建立地质信息模型,实现二维正向出图,提高地质图纸质量,出图效率提高了约 30 倍;以枢纽三维设计系统 Civil Designer 实现枢纽建筑物总体布置、土石方开挖计算、边坡支护设计等应用;工厂三维设计系统 PlantDesigner 针对水机、暖通、给水排水等专业做的参数化构件库,包含各类常用构件 300 余种,提高了工厂三维设计的效率和质量;BIM+CAE 在拱坝孔口应力分析及配筋设计、超高陡边坡高位危岩全生命周期防控等应用中极大提升了工作效率;设计施工 BIM 管理系统,涵盖了工程质量管理、工程设计管理、智能灌浆、水情测报等 14 个功能模块,通过"多维 BIM"技术实现了对工程建设的可视化动态管控。

图 1-1 杨房沟水电站三维效果图

图 1-2 为出山店水库综合管理平台界面图。河南省出山店水库工程基于协同管理平

台完成各专业的三维设计工作,实时共享项目资源与信息,制定 BIM 建模规定等标准,提高设计成果质量。将溢流坝段三维模型导入 CAE 数值计算软件,进行材料属性赋予、三维有限元网格剖分、物理边界条件定义等,完成应力应变分析。通过碰撞检查完善设计方案,固化三维模型,精确提取主要工程量。从固化模型中抽取了大量二维结构图纸,通过自主开发的图纸标注工具提升出图效率。将模型导入配筋软件,快速进行三维钢筋布置、算量和出图,结合三维模型进行表达,便于施工人员理解设计意图。基于 BIM+GIS 技术开发了出山店水库建设期综合管理平台,集成了 BIM 模型管理、质量管理、安全管理等功能模块,助力"建设优质工程,打造美丽出山店"目标的实现。运维阶段应用 GIS、无人机倾斜摄影等技术,开发安全监测、防洪度汛、移民管理等模块,实现了出山店水库工程运维管理的信息化。

图 1-2　出山店水库综合管理平台

不同的应用目标与需求,决定了 BIM 实施技术路径的多样性与系统性。国内外有关实现 BIM 应用的系统平台及专业软件主要有以下几个:

(1)Autodesk 平台。美国的 Autodesk 公司在工程的设计和数字化信息管理等方面处于世界领先地位,其基于 BIM 技术研发了一系列的软件来应用于工程项目的各个阶段。依托于 Autodesk CAD 软件在我国庞大的使用群体,该平台软件受到我国各专业人员的推崇,在国内一直是应用最多的 BIM 软件平台。Revit 建筑、结构、设备系列软件是一款专注于房屋建筑方向的三维协同软件,其强大的参数化设计能力可以帮助建筑设计师提高设计品质,更好地完成大型建筑三维模型的设计;Civil3D 是一款主要针对基础设施三维设计的软件,主要包括如公路桥梁、市政道路、水利机电等方面,它的三维动态工程模拟有利于快速完成道路工程与场地规划等设计;Navisworks 软件是 Autodesk 平台最为强大的一款技术应用软件,它能够对各种格式的三维设计模型进行可视化和仿真模拟,并可以让所有项目参与方分享和查看详细的三维 BIM 模型。

(2)Bentley 平台。Bentley 公司于 1984 年在美国费城创立,公司一直以提高工程项目建设效率为目标。Bentley 公司以 MicoStation 为核心开发了一系列专业软件。其中

OpenRoads Designer 是一款功能强大、应用广泛的道路设计 BIM 软件,它适用于勘测、排水管道、地下设施和道路设计,并可以基于勘察数据制创建出项目地形模型,帮助设计人员进行道路选线设计;对于桥梁专业,使用 OpenBridge Designer 可以对桥梁的各个部位构件进行参数化设计。Bentley 平台的各专业软件都统一于 MicoStation,其各软件都可使用同一个数据格式,从而方便数据在各软件之间无损进行传递,支持各专业人员进行协同合作。

(3)Dassault 平台。Dassault 软件平台是由 Dassault Systemes 公司建立的,总部位于法国巴黎,其创建的 Dassault 3D 体验平台涵盖了三维建模、多方协作、信息集成与模型仿真模拟等功能,旗下最出名的 BIM 软件便是 CATIA。CATIA 最初是 Dassault 公司专为飞行器的设计而开发的建模软件,因为有着强大的曲面设计模块,故逐渐向交通运输、桥梁隧道等设计领域发展,该软件应用到土木工程行业无论是对复杂的异形结构,还是对大规模建筑群的模型创建能力,都有着传统 BIM 软件无法媲美的优势。但由于该模型并不是为基础设施建设而开发的软件,在为模型添加构件属性时不方便,需要对软件进行二次开发。

(4)HydroStation。HydroStation 由中国浙江华东工程数字技术有限公司基于"一个平台、一个模型、一个数据架构"的技术理念,在 Bentley 基础软件平台基础上二次开发,结合行业需求精心打造的三维数字化协同设计平台。HydroStation 以 MicroStation 通用商业三维及二维一体化设计平台,及运行于此平台上的多种专业三维协同设计软件为基础,以三维协同设计平台 ProjectWise 为纽带,结合工程数字化三维协同设计的特点,通过一系列深度二次开发和专业定制,形成完整的专业三维设计软件集合,在此基础上提炼出一套完整的水利行业三维协同设计解决方案。

(5)HydroBIM。HydroBIM 的全称 HydroelectricalEngineering Building Information Modeling(水利水电工程三维信息模型),由中国电建集团昆明勘测设计研究院有限公司借鉴建筑业 BIM 和制造业 PLM 理念及技术,引入"工业 4.0"和"互联网"概念及技术,发展起来的一种多维(3D、4D-进度/寿命、5D-投资、6D-质量、7D-安全、8D-环境、9D 成本/效益…)信息模型大数据、全流程、智能化管理技术设计平台。

其中,HydroStation、HydroBIM 为国内水利行业企业针对水利工程涉及多专业、模型非标准化且多样、复杂等特点研发的 BIM 应用平台。此外,国内还有广联达、鲁班等多种专业建模、施工模拟、动画仿真等应用软件。

总地说来,BIM 应用实施的软件方案涉及系统平台及专业软件两大方面。由于行业及专业的特点,各种系统平台及专业软件各有特点,如何选择?尤其是对水利类专业学生或者初入水利行业的专业技术人才,要求其学习全部相关软件并不现实。事实上,BIM 为 Building Information Modeling 的简称,其重点应集中在 Building 上。专业技术人员如何高效、快速建立建筑物模型,并在模型中加载相关信息,是影响 BIM 推广应用的关键。因此,三维(3D)建模应该说是 BIM 应用、推广的基础,在三维(3D)模型的基础上,才有后续多维(4D-进度/寿命、5D-投资、6D-质量…)分析与应用。

国内外有关 BIM 三维建模的软件较多,如 Revit、Catia、Bently、Tekla、Solidworks、3ds max、maya、rhino、中望 3D 等,每一款软件都有其自身的特点。其中,Revit 是 Autodesk 公

司开发,能兼容 Autodesk 的多专业、多平台软件,应用广泛,族库强大,是我国建筑业 BIM 体系中使用最广泛的软件之一。水利类专业学生或者初入水利行业的专业技术人才一般具备 AutoCAD 二维建模基础,Revit 能很好地与其衔接,符合初学者的使用习惯,学习、上手容易,且掌握其基本方法与原理后易于向其他相关软件拓展。应当说明的是,一些传统建模软件,如 AutoCAD 也能实现三维建模,但其仅仅只是实现了几何尺寸空间角度的三维建模,没有附加材料参数等其他信息,并不等同于 BIM 三维模型。因此,本书将重点以 Revit 为基础,讲解 BIM 三维建模基本原理与方法。

2　Revit 概述

2.1　Revit 简介

Revit 系列软件是由数字化设计软件供应商 Autodesk 公司,针对建筑设计行业开发的三维参数化设计软件平台。最初以 Revit 技术平台为基础推出的专业版模块包括:Revit Architecture(Revit 建筑模块)、Revit Structure(Revit 结构模块)和 Revit MEP(Revit 设备模块——设备、电气、给水排水)三个专业设计工具模块,以满足设计中各专业的应用需求。在 2012 年后,Autodesk 又将这三款独立的产品整合为一个产品,包含建筑、结构和 MEP 三个专业模块,用户在使用 Revit 的时候可以自由安装、切换和使用不同的模块,从而减少对设计协同、数据交换的影响,帮助用户获得更广泛的工具集,并在 Revit 平台内简化工作流程并与其他建筑设计规程展开更有效的协作。在 Revit 模型中,所有图纸、二维视图和三维视图及明细表都是同一个基本建筑模型数据库的信息表现形式。在图纸视图和明细表视图中操作时,Revit 将收集有关建筑项目的信息,并在项目的其他所有表现形式中协调该信息。Revit 参数化修改引擎可自动协调在任何位置(模型视图、图纸、明细表、剖面和平面中)进行的修改。

2.2　Revit 功能介绍

2.2.1　Revit 基本术语

Revit 是三维参数化建筑设计 CAD 工具,不同于大家熟悉的 AutoCAD 绘图系统。用于标识 Revit 中的对象的大多数术语或者概念都是常见的行业标准术语。

2.2.1.1　参数化

参数化设计是 Revit 的一个重要特征,它分为两个部分:参数化图元和参数化修改引擎。Revit 中的图元都是以构件的形式出现并通过一系列参数定义的。参数保存了图元作为数字化建筑构件的所有信息。举个例子来说明 Revit 中参数化的作用:当建筑师需要指定墙与门之间的距离为 200 的墙垛时,可以通过参数关系来"锁定"门与墙的间隔。

参数化修改引擎则允许用户对建筑设计时任何部分的任何改动都可以自动修改其他相关联的部分。例如,在立面视图中修改了窗的高度,Revit 将自动修改与该窗相关联的剖面视图中窗的高度。任一视图下所发生的变更都能参数化的、双向的传播到所有视图,以保证所有图纸的一致性,无须逐一对所有视图进行修改,从而提高了工作效率和工作质量。

2.2.1.2　项目与项目样板

Revit 中,所有的设计信息都被存储在一个后缀名为".rvt"的 Revit"项目"文件中。在 Revit 中,项目就是单个设计信息数据库——建筑信息模型。项目文件包含了建筑的所有设计信息(从几何图形到构造数据),包括建筑的三维模型、平立剖面及节点视图、各种明细表、施工图图纸以及其他相关信息。这些信息包括用于设计模型的构件、项目视图和设计图纸。通过使用单个项目文件,Revit 不仅可以轻松地修改设计,还可以使修改反映在所有关联区域(平面视图、立面视图、剖面视图、明细表等)中,所以仅需跟踪一个文件,同样还方便了项目管理。

当在 Revit 中新建项目时,Revit 会自动以一个后缀名为".rte"的文件作为项目的初始条件,这个".rte"格式的文件称为"样板文件"。Revit 的样板文件功能与 AutoCAD 的".dwt"相同。样板文件中定义了新建的项目中默认的初始参数,例如,项目默认的度量单位、默认的楼层数量的设置、层高信息、线型设置、显示设置等。Revit 允许用户自定义自己的样板文件的内容,并保存为新的".rte"文件。

2.2.1.3　标高与轴网

标高与轴网在模型构建时起着重要作用,它们是模型构建的参照,是项目基准。

标高是无限水平平面,用作屋顶、楼板和天花板等以层为主体的图元的参照。标高大多用于定义建筑内的垂直高度或楼层。可为每个已知楼层或建筑的其他必需参照(如第二层、墙顶或基础底端)创建标高。要放置标高,必须处于剖面或立面视图中。Revit 轴网是模型创建时的基准参照网格,用于帮助定位柱、墙等,轴网可以是直线、圆弧或多段线。

2.2.1.4　图元

组成项目文件的最小完整单元,任何项目中的模型,都可以称为图元,具有确定性的实际意义的构件,它是一个统称,比如尺寸标注图元、门图元、柱图元等。在创建项目时,可以向设计中添加参数化建筑图元。Revit 中有三种类型图元:基准图元(如轴网、标高)、模型图元(如梁、柱)、视图专有图元(如尺寸标注)。Revit 按照类别、族和类型对图元进行分类,如图 2-1 所示。

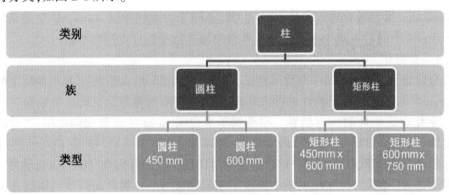

图 2-1　图元分类

2.2.1.5　类别

类别是具有同一大类属性的建模或记录图元。如建筑基本构件中的梁、柱,梁和柱有不同的功能或用途,其大类属性不同,因此分属不同的类别;注释图元类别中分为标记、文字注释等类别。

2.2.1.6 族

族是 Revit 中非常重要的一个概念,是 Revit 的设计基础。Revit 族是一个包含通用属性(称作参数)集和相关图形表示的图元组。如柱,为一个类别的构件,但柱有不同的截面形式,方柱、圆柱等,方柱、圆柱具有柱的一些通用属性,都属于柱类别,但方柱与圆柱的截面参数等又有所不同,因此可分为方柱族、圆柱族。属于一个族的不同图元的部分或全部参数可能有不同的值,但是参数(其名称与含义)的集合是相同的。"族"中包括许多可以自由调节的参数,这些参数记录着图元在项目中的尺寸、材质、安装位置等信息,修改这些参数可以改变图元的尺寸、位置等。

Revit 包含标准构件族(可载入族)、系统族和内建族三种。

(1)标准构件族。又称可载入族,可以载入到项目中,在默认情况下,在项目样板中载入标准构件族,但更多标准构件族存储在构件库中。使用族编辑器创建和修改构件,可以复制和修改现有构件族,也可以根据各种族样板创建新的构件族。族样板可以是基于主体的样板,也可以是独立的样板。基于主体的族包括需要主体的构件。

(2)系统族。系统族是在 Autodesk Revit 中预定义的族,包含基本建筑构件,例如墙、窗和门。如基本墙系统族包含定义内墙、外墙、基础墙、常规墙和隔断墙样式的墙类型。可以复制和修改现有系统族并传递系统族类型,但不能创建新系统族;可以通过指定新参数定义新的族类型。

(3)内建族。指在当前项目中新建的族,"内建族"只能存储在当前的项目文件里,不能单独存成".rfa"文件,也不能用在别的项目文件中。内建族可以是特定项目中的模型构件,也可以是注释构件。如项目需要,不希望重用的独特几何图形,或者项目需要的几何图形必须与其他项目几何图形保持众多关系之一,请创建内建图元。由于内建图元在项目中的使用受到限制,因此每个内建族都只包含一种类型。可以在项目中创建多个内建族,并且可以将同一内建图元的多个副本放置在项目中。与系统和标准构件族不同,不能通过复制内建族类型来创建多种类型。

2.2.1.7 类型

类型是同一族下面根据其参数不同的具体细分,每一个族可以拥有多个类型,类型可以是族的特定尺寸或样式等参数。如圆形柱,有直径为 400 mm 的圆形柱,也有直径为 500 mm 的圆形柱或其他的圆形柱,直径为圆形柱的一个参数,根据直径参数可以定义不同类型的圆形柱族;如尺寸标注族,其标注样式可能是默认对齐样式或默认角度样式,不同的标注样式是标注族的一个参数,根据不同标注样式可以定义不同类型的尺寸标注族。

2.2.1.8 实例

实例是建模过程中每一个具体的图元。选择实例,可以赋予不同参数。图元参数有两种类型:类型参数与实例参数。

(1)类型参数。是对同类型下个体之间共同的所有东西进行定义;简单说明就是如果有同一个族的多个相同的类型被载入项目中,类型参数的值一旦被修改,所有的类型个体都会相应地改变。

（2）实例参数。是实例与实例之间不同的所有东西进行定义；简单说明就是如果有同一个族的多个相同的类型被载入项目中，其中一个类型的实例参数的值一旦被修改，只有当前被修改的这个类型的实体会相应改变，该族的其他类型的实例参数的值仍保持不变。在创建实例参数后，所创建的参数名后系统将自动加上"默认"两字。

定义参数为类型参数或实例参数，当修改该参数时，其影响范围不一样。如某一项目中放置有 4 个同一类型的直径 400 mm 的圆形柱，编号为 1~4 号。该类型直径 400 mm 的圆形柱的柱长参数可以定义为类型参数或实例参数。若定义为类型参数，当选择其中某一个柱（如 1 号柱）的柱长参数进行修改时，该同一类型的 4 个柱的柱长都一同进行变动；若定义为实例参数，当选择其中某一个柱（如 1 号柱）的柱长参数进行修改时，则该类型 4 个柱中只有被选择的 1 号柱柱长进行了变动。

2.2.1.9　工作平面

Revit 工作平面是一个用作视图或绘制图元起始位置的虚拟二维表面。

2.2.1.10　参照平面与参照线

参照平面与参照线是 Revit 建模辅助定位工具。参照平面的范围是无穷大的，而参照线比参照平面多了两个端点，这是参照线特定的起点和终点。参照线在三维中仍然可见，参照平面在三维中则不可见。参照线的线型为实线，而参照平面的线型为虚线。

参照平面一般是进行辅助定位（如设置工作平面）或者是添加带标签的尺寸标注进行参数驱动（如经常需要将模型实体锁定到参照平面上，参照平面位置通过尺寸标注进行参数驱动，进而通过参照平面驱动实体进行几何尺寸等参数变化），而参照线区别于参照平面最大的不同就是它可以用来控制角度参变（例如可以用来控制腹杆桁架、带有门打开方向实例的门或弯头内的角度限制条件）。

2.2.1.11　Revit 文件格式

Revit 提供了四种基本的原生文件基本格式：项目文件格式（ ＊ . RVT）、样板文件格式（ ＊ . RTE）、族文件保存格式（ ＊ . RFA）、族样板文件格式（. RFT）。这四种基本文件格式可以直接打开或新建。

（1）项目文件格式（ ＊ . RVT）。

项目格式是基于 Revit 平台的建筑信息模型存储格式。它是模型完成后保存的文件格式，涵盖了整个工程项目的所有设计信息，包括结构模型、各视图、图纸及明细表等。

（2）样板文件格式（ ＊ . RTE）。

样板文件格式能避免在建立 BIM 模型过程中出现多次重复设置一些常用的通用要求，规范设计标准。模型创建时，Revit 定义了新建项目的初始参数文件格式，如度量单位、标注样式、线型、文字样式、显示等内容。

在项目开始前，可以根据国家标准和设计院的要求设置符合本专业工程项目的标准，并另存为项目样板文件。在以后类似的工程项目设计过程中，只需在 Revit 中调用保存好的样本就可开始工程项目工作，大大节省了设计人员的工作时间。

（3）族文件保存格式（ ＊ . RFA）。

利用 Revit 建立建筑信息模型时，使用各种加载的族进行建筑模型设计。在设计的过程中将新建族保存在文件夹中，当其他项目需要建立相同的图元时，可以将该族加载进项目中完成相关模型创建。RFA 即为可载入族文件保存格式的后缀,通常梁、板、门窗、钢筋及图框等可载入族均以此格式存储。

(4)族样板文件格式(.RFT)。

通常基于 Revit 建模过程中所载入族都可以通过族样板文件来进行绘制。族样板文件通过定义族的添加方式、参数设置、可见性等信息,从而使加载进入工程项目的族满足该工程项目的需求。常用的族样板文件有公制常规模型、公制结构框架、钢筋形状样板等。

Revit 除系统常用的四种基本文件格式外,用户还可以将其他格式的文件导入模块中,或将所创建的模型导出为相应的格式文件,如 CAD 文件格式、IFC 文件格式、图像格式等其他文件格式。

2.2.2　Revit 主要功能

Revit 是专业 BIM 建模软件,其集成了 Revit Architecture(Revit 建筑模块)、Revit Structure(Revit 结构模块)和 Revit MEP(Revit 设备模块——设备、电气、给水排水)三个专业设计工具模块,以满足设计中各专业的应用需求。此外,随着信息、数据技术的发展,其数据接口、开发环境、云端应用等功能也不断完善。

2.2.2.1　Revit Architecture(Revit 建筑模块)

Revit Architecture 是 Revit 软件中,针对广大建筑设计师和工程师开发的三维参数化建筑设计软件。利用 Revit Architecture 可以让建筑师在三维设计模式下,方便地推敲设计方案,快速表达设计意图,创建三维 BIM 模型并以 BIM 模型为基础,自动生成所需的建筑施工图文档,完成概念到方案,最终完成整个建筑设计过程。

Revit Architecture 功能强大,且易学易用,适用于各行业的建筑设计专业。例如,在民用建筑设计中,可以利用 Revit Architecture 完成建筑专业从方案、初步设计至施工图阶段的全部设计内容。除民用建筑行业外,Revit Architecture 系列软件已经深入应用在石油石化、水利电力、冶金等多个行业,完成了各行业内的土建专业各阶段设计内容。

2.2.2.2　Revit Structure(Revit 结构模块)

Revit Structure 是面向结构工程师的建筑信息模型应用程序。它可以帮助结构工程师创建更加协调、可靠的模型,增强各团队间的协作,并可与部分结构分析软件双向关联。强大的参数化管理技术有助于协调模型和文档中的修改和更新。它具备 Revit 系列软件的自动生成平、立、剖面图文档,自动统计构件明细表,各图档间动态关联等所有特性。

除 BIM 模型外,Revit Structure 还为结构工程师提供了分析模型及结构受力分析工具,允许结构工程师灵活处理各结构构件受力关系、受力类型等。Revit Structure 结构分析模型中包含有荷载、荷载组合、构件大小,以及约束条件等信息,以便在其他行业领先的第三方的结构计算分析应用程序当中使用。

Revit Structure 为结构工程师提供了非常方便的钢筋绘制工具。可以绘制平面钢筋、截面钢筋以及处理各种钢筋折弯、统计等信息。

2.2.2.3　Revit MEP(Revit 设备模块——设备、电气、给水排水)

Revit MEP(Mechanical,Electrical & Plumbing,MEP)是面向机电工程师的建筑信息模型应用程序。Revit MEP 以 Revit 为基础平台,针对机电设备、电工和给水排水设计的特点,提供了专业的设备及管道三维建模及二维制图工具。它通过数据驱动的系统建模和设计来优化设备与管道专业工程,能够让机电工程师以机电设计过程的思维方式展开设计工作。

Revit MEP 提供了暖通通风设备和管道系统建模、给水排水设备和管道系统建模、电力电路及照明计算等一系列专业工具并提供智能的管道系统分析和计算工具,可以让机电工程师快速完成机电 BIM 三维模型,并可将系统模型导入 Ecotect Analysis、IES 等能耗分析和计算工具中进行模拟和分析。

在工厂设计领域,利用 Revit MEP 可以建立工厂中各类设备、连接管线的 BIM 模型。利用 Revit 的协调与冲突检测功能,可以在设计阶段协调各专业间可能存在的冲突与干涉。

2.2.2.4　Revit 的数据接口与开发环境

一般情况下,利用 Revit 菜单或工具条命令进行建筑设计。此外,Revit 还提供了应用程序编程接口(Application Programming Interface,API),外部程序可通过 API 操纵和访问 Revit。

用点击菜单命令的方式能达到的设计目的,通过编写一段程序也可以实现相同的目的。比如创建一个 7 层的框架结构,可以用菜单或工具栏命令的方式逐步操作。先创建轴线,再布置柱、梁、墙,从一层到七层,最终完成建筑模型。若通过二次开发程序的方式,只需向程序输入所需的参数,如楼层数、开间数量和进深数以及尺寸信息,程序就自动创建出同样的建筑模型。相比之下,减少了许多的鼠标点击,更敏捷地完成任务;另外,还可以通过编程来提取和修改建筑模型构件的属性信息。

2.2.2.5　Revit 与云应用

Revit 能依托欧特克的云应用,把 Web 服务和桌面应用整合在一起。在桌面上进行的设计完成之后,用户可以从云端获得基于云的访问、分析、渲染、存储等服务。

2.3　Revit 软件下载与安装

在独立的计算机上安装 Revit 之前,需要确保计算机保证最低配置要求。系统最好是 64 位,内存 8GB 以上。对渲染、动画等功能,可能对显卡显存及显示器分辨率有一定要求。对 Revit 常用基本功能,一般常用计算机配置皆可满足要求。

对于没有盈利的教师和学生,Autodesk 公司提供免费使用三年的 Revit 教育版本,在 Autodesk 公司官网注册、下载、安装后即可使用,具体步骤与要求详见 Autodesk 公司官网(https://www.autodesk.com.cn)。本书将以 Revit2020 版本为例进行讲解,其他版本相关功能略有不同。

2.4　Revit 的应用界面

2.4.1　启动界面

启动 Revit,进入 Revit 启动界面(见图 2-2)。用户可以打开或新建一个模型或族。初始界面列出了可供选择的最近使用或系统自带的项目模型或族样板文件。

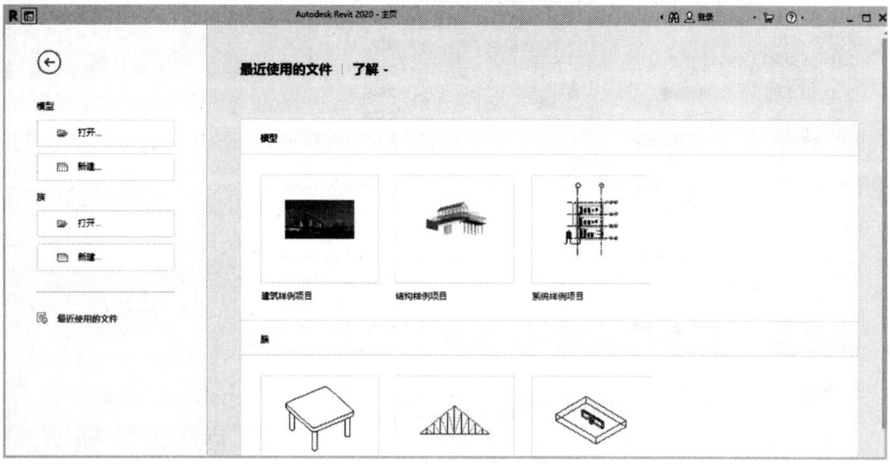

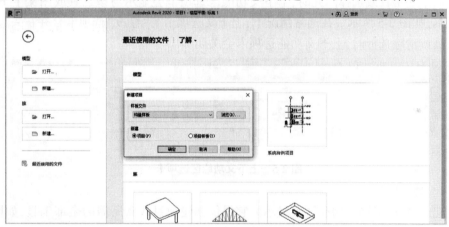

图 2-2　Revit 启动界面

选择模型下"新建…"时,出现新建项目样板文件选项(见图 2-3),包括构造样板、建筑样板、机械样板等,用户根据需要选择,也可以选择新建一个项目样板文件。

图 2-3　新建项目

选择族下"新建…"时,出现"新族–样板文件"选项(见图 2-4),系统自带族库列出了可供选择的族样板。

2.4.2　工作界面

新建一个项目或族后,进入 Revit 工作界面(见图 2-5)。工作界面一般包括以下几部分。

2.4.2.1　应用程序菜单

应用程序菜单提供对常用文件操作的访问,包括"新建""打开"和"保存""导出""发布""打印"等。

2.4.2.2　快速访问工具栏

快速访问工具栏包含一组默认工具,可以根据使用习惯对该工具栏进行定义。

图 2-4　新建族选项

2.4.2.3　上下文功能区选项卡(简称"选项卡")

使用某些工具或选择图元时,上下文功能区选项卡会显示与该工具或图文上下文相关的工具,如图 2-5 所示。在通常情况下,上下文选项卡与"修改"选项卡合并在一起。退出该工具或清除选择时,上下文功能选项卡会关闭。

图 2-5　上下文功能区选项卡

2.4.2.4　功能区

创建或打开文件时,功能区会显示。它提供创建项目或族所需的全部工具,如图 2-6 所示。

图 2-6　功能区

2.4.2.5　选项栏

选项栏位于功能区下方,其显示的内容因执行的当前命令(工具)或所选图元而异,如图 2-7 所示。

2.4.2.6　项目浏览器面板

项目浏览器面板用于显示当前项目中所有视图、明细表、图纸、族、组、链接等逻辑层次(见图 2-8)。展开和折叠各分支时,将显示下一层项目。项目浏览器面板可以在"功能区–视图–用户界面"菜单下控制显示与隐藏。

图 2-7　选项栏

2.4.2.7　属性面板

当选择某一图元的属性时,出现属性面板对话框(见图 2-9)。通过该对话框,可以查看和修改图元属性的参数。属性面板可以在"功能区－视图－用户界面"菜单下控制显示与隐藏。

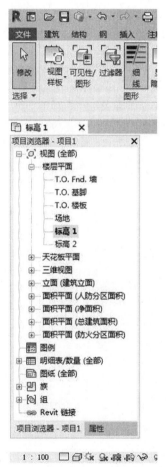

图 2-8　项目浏览器面板

图 2-9　属性面板

2.4.2.8　状态栏

状态栏沿 Revit 窗口底部显示。使用某一工具时,状态栏左侧会提供一些技巧或提示,告诉用户可以做什么。

2.4.2.9　视图控制栏

视图控制栏位于视图窗口底部、状态栏上部,提供一些有关视图的操作选项,如详细程度、视觉样式、临时隐藏(隔离)等。

2.4.2.10　绘图区

　　Revit 窗口中的绘图区域可以显示当前项目的视图以及图纸和明细表等。可以根据需要选择打开或关闭某一视图或图纸、明细表。每次打开某一视图时,默认情况下此视图显示在绘图区其打开视图的上面。可以在"功能区-视图-窗选项区"选择切换窗口、平铺视图等操作。

3 建模准备

Revit 具有强大的建模功能,建议初学者由浅入深,先熟悉建模基本方法与原理,再逐步深入与熟练。应当说明的是,作为一名水利或土木等专业学生或从业人员,Revit 只是一个表达本领域专业知识的工具,只有在工程实践中多学、多练、多操作,才能熟练掌握与应用。

新建一个项目前,可以对涉及整个项目的一些基础信息进行设置与操作,如用户界面、用户信息、项目信息、项目标准等,这些属性并非针对单个图元对象,而是针对整个项目。规范化的项目前期设置,是建立企业设计标准样板的必要过程。初学者可以在打开新建项目后,直接进入标高与轴网设置,其他相关前期设置可以在建模学习实践中逐渐完善。

3.1 选项设置

针对某个具体项目的设置,一般都是直接新建项目,选择相应专业模板,然后就开始建模了,而 Revit 选项设置则影响到 Revit 这个软件本身,针对所有项目都适用。Revit 选项(Options)是很多人会忽略掉的设置。

应用程序菜单:"文件–选项",进入选项设置界面(见图 3-1)。

在选项设置界面可以进行项目常规、用户界面等设置。用户进入界面后选择相应菜单进行操作即可。

3.1.1 常规设置

在常规设置页面,可以设置文件的保存提醒时间隔、用户名、日志文件清理、工作共享更新频率及视图选项等。

说明:

(1)日志文件是记录 Revit 任务中每个步骤的文档。这些文件主要用于软件支持进程。要检测问题或重新创建丢失的步骤或文件时,可运行日志。设置日志数量超过天数后,系统会自动进行清理,并始终保持设定数量的日志文件。

(2)大型项目往往涉及多专业、多人分工协作。工作共享是一种设计方法,其可允许团队成员同时处理一个项目模型。工作共享更新频率用来设置个人(或本地)项目与共享平台的更新频率。

3.1.2 用户界面设置

用户界面设置包括"工具和分析"选项卡、"快捷键"等(见图 3-2)。

(1)工具和分析卡:用户可以根据项目专业需要,选择相应选项卡和工具。如新建房

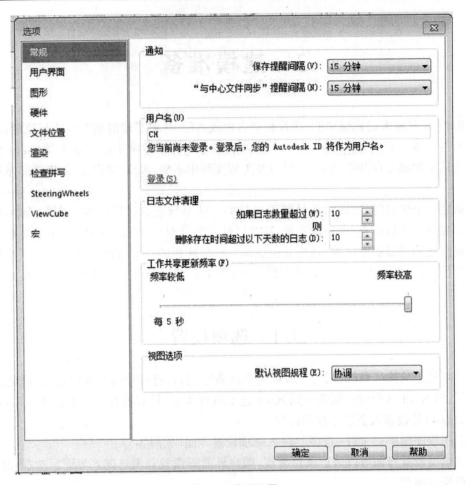

图 3-1　选项设置

屋项目,在本书里只是作为 Revit 建模基本练习用,暂不涉及机械、电气、管道部分,因此可以取消勾选。

(2)在家时启用最近使用的文件列表:勾选此项,则软件启动界面及应用程序菜单会显示最近使用的文件,可供用户快速选择。

(3)功能区选项卡切换行为:可设置上下文选项卡在功能区的行为。清除选择或退出后选项,是指选择某个图元进行编辑时,功能区会新增一个上下文选项卡:"修改|×××"上下文选项卡。勾选时显示上下文选项卡,当选择图元进行编辑时会自动弹出"修改|×××"上下文选项卡。

3.1.3　SteeringWheels

此选项页面中的选项卡用来设置 SteeringWheels 视图导航工具(见图 3-3),SteeringWheels 设置页面如图 3-4 所示。在"视图–用户界面–导航"栏,勾选导航,则出现视图导航工具。

图 3-2　用户界面设置

3.1.4　ViewCube

　　ViewCube 是在三维视图情况下出现的视图导航工具（见图 3-5），可以利用其进行视角转换。ViewCube 设置页面如图 3-6 所示。

　　使用 ViewCube 可以导航三维视图。此导航工具可提供有关当前模型方向的直观反馈，并允许调整模型视点。可以单击并拖动以在模型的标准视图和等轴测视图之间进行切换，并在视图更改时查看和了解模型的当前视点。

图 3-3　SteeringWheels

　　其他选项，包括图形、硬件、文件位置、渲染、检查拼写、宏等，初学者可以先使用默认

图 3-4　SteeringWheels 设置页面

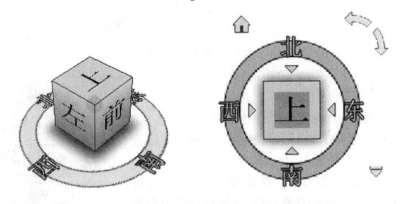

图 3-5　ViewCube

设置,后期在建模实践中根据使用习惯等不断调整。

图 3-6　ViewCube 设置页面

3.2　项目设置

在功能区管理选项卡下可进行项目基本信息设置(见图 3-7),包括定制符合企业或行业的设计标准。

图 3-7　项目设置页面

3.2.1　材质

材质代表对象实际的材质,例如混凝土、木材和玻璃。这些材质可应用于设计的各个部分,使对象具有真实的外观和行为。在部分设计环境中,由于项目的外观是最重要的,因此材质具有详细的外观属性,如反射率和表面纹理。在其他情况下,材质的物理属性(例如屈服强度和热传导率)更为重要,因为材质必须支持工程分析。

点开项目管理页面的材质浏览器图标,出现材质浏览器页面(见图 3-8)。在该页面可进行材质表示材质标识、图形、外观、物流、热度等设置。通过该对话框,用户可以从系统材质库中选择已有材质,也可以自定义新的材质。有关材质的其他设置,将在后面建模过程中结合具体模型进行介绍。

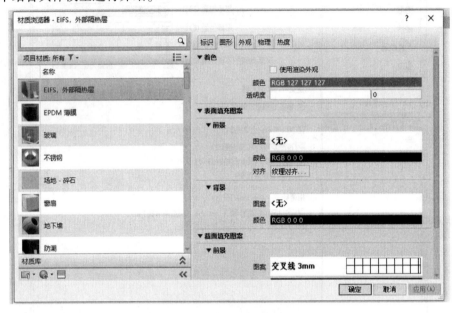

图 3-8　材质浏览器页面

3.2.2　对象样式

点击管理-对象样式选项卡,出现对象样式设置页面(见图 3-9),主要用来设置项目中任意类别及子类型图元的线宽、线颜色、线型图案和材质等。

图 3-9　对象样式设置页面

3.2.3　捕捉

在绘图与建模时启用捕捉功能,可以帮助用户精准地找到对应点、参考点,快速完成建模。点击管理-捕捉选项卡,出现捕捉设置页面(见图3-10)。

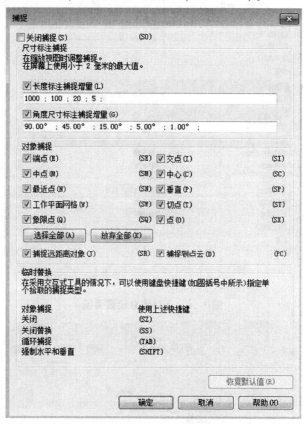

图 3-10　捕捉设置页面

3.2.4　项目信息

项目信息是与项目有关的基本公共信息,该信息可以在设计图的图签、明细表、标题栏等显示。点击管理-项目信息选项卡,出现项目信息设置页面(见图3-11)。

3.2.5　项目参数

项目参数是定义后添加到项目多类别图元中的信息容器。项目参数特定于项目,不能与其他项目共享。随后可在多类别明细表或单一类别明细表中使用这些项目参数。点击管理-项目参数选项卡,出现项目参数设置页面(见图3-12)。

3.2.6　其他设置

其他如共享参数、全局参数、传递项目标准、项目单位等将在后续章节结合具体项目建模进行讲解。

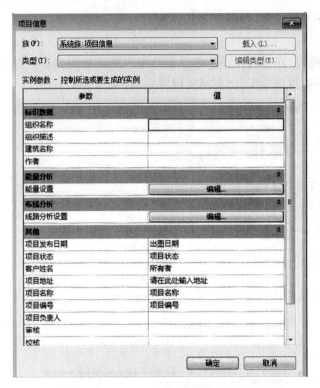

图 3-11　项目信息设置页面

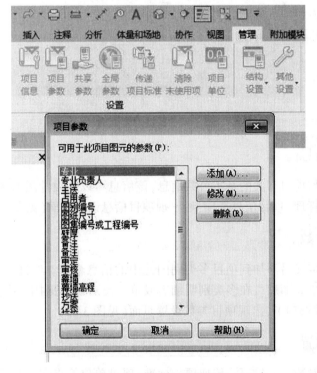

图 3-12　项目参数设置页面

3.3　项目阶段化

许多项目(如改造项目)是分阶段进行的,每个阶段都代表项目周期中的不同时间段。Revit的阶段化运用就是根据项目的阶段进行制订的。可以避免模型显示杂乱,单独显示某个阶段的视图,还可以按阶段生成明细表,减少了很多分类上的麻烦,从而能快速地提取相对应的数据。点击管理-项目阶段选项卡,出现项目阶段参数设置对话框(见图3-13)。对话框分三个设置栏标签:工程阶段、阶段过滤器、图形替换。

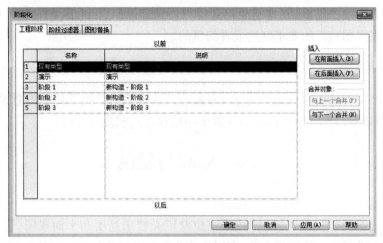

图 3-13　项目阶段设置对话框

3.3.1　工程阶段

工程阶段用来规划阶段的结构,按照项目要求可对项目阶段进行定义。"名称"为阶段类别的名称,可通过右侧的插入及合并对象功能进行内容定义。常见项目模型阶段分类主要有以下几种。

3.3.1.1　设计模型的阶段分类(按设计流程)

(1)方案模型。

(2)设计变更修改。

(3)施工图模型。

3.3.1.2　施工土建模型的阶段分类(按工程施工流程)

(1)假设工程。

(2)结构体工程。

(3)外装饰工程。

(4)内装饰工程。

3.3.1.3　按工程性质(改造工程)

(1)现有的构造阶段。

(2)拆除构建阶段。

（3）改建构建阶段。

3.3.1.4　整合模型的阶段分类（按专业区分）

（1）结构工程。

（2）建筑工程。

（3）机电工程。

3.3.2　阶段过滤器

阶段过滤器用来设置视图中各个阶段不同的显示状态，与图面表达效果有直接联系，其显示状态分为按类别显示（按对象样式中得设置显示）、不显示、已替代。阶段过滤器的配置是可以根据自己的要求新建或者编辑的。

3.3.3　图形替换

图形替换设置栏用来设置不同阶段对象的替换样式来替换其原有的对象样式（包括线型、填充图案等），配合图形过滤器设置中的已替代选项进行应用。

3.4　标高与轴网

选择新建项目后，进行模型创建之前，应当根据项目主要的空间几何尺寸特征设置标高与轴网。标高与轴网在 Revit 中用来定位及定义楼层高度和平面视图，也就是设计基准。标高不是必须作为楼层层高的，有时也作为窗台及其他构件的定位使用。

3.4.1　标高

3.4.1.1　创建标高

标高在项目立面视图中创建。进入立面视图，选择东、南、西、北任一立面即可。本项目选择南立面视图。在默认的建筑项目设计标高基础上，可以通过复制、新建等操作，创建标高。选中一根标高线，功能区上下文选项卡出现"修改|标高选项卡"，此时可以对选定的标高进行复制、移动等操作。也可以通过选中功能区标高按钮，新建一个标高。在移动、复制或新建标高过程中，会出现辅助尺寸标注，以定位标高线的位置。

房屋项目创建标高如图 3-14 所示。

3.4.1.2　编辑标高

创建标高后可对标高线样式进行编辑、修改。如选中某一标高线，勾选左边方框，则此标高线两侧出现标头（见图 3-15）。也可以拖动标高线两端的原点，改变标高线的长度或对齐等。选中标头文字如 F4 框，可以对标高名称进行修改。

选中某一标高线，点击视图窗口左侧的属性按钮（视图-用户界面，勾选项目浏览器、属性选中框，在视图窗口左侧出现项目浏览器及属性窗口），出现标高属性设置对话框（见图 3-16）。

此属性对话框上面出现"标高|正负零标高"，此外系统自带或用户创建的标高族，点击后可以有不同的标高族供选择，用户可以根据项目要求选择系统自带或自己创建标

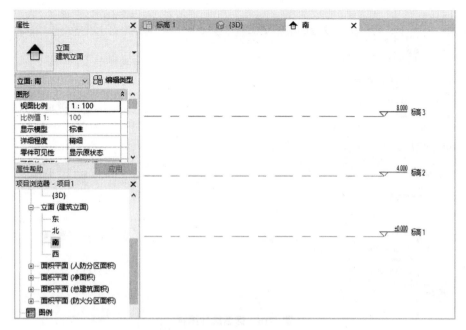

图 3-14　创建标高

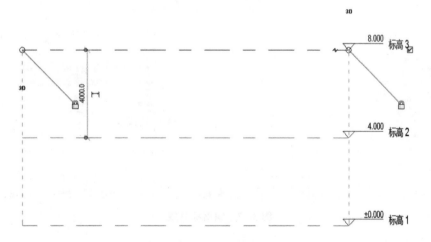

图 3-15　编辑标高

高族。

点击编辑类,可以对该类型标高的相关属性参数进行修改,如图 3-17 所示。在其中可对标头颜色、线型图案等进行设置。

有关标高的其他设置,建议初学者刚开始时,不要过多关注,可以选用项目自带的基本设置,后期在项目实践中根据用户习惯、企业标准等逐步调整。

说明:当切换到项目浏览器时,有时会发现在楼层平面并没有刚才创建的标高楼层,如 F3、F4 并没有出现在楼层平面(见图 3-18)。此时,点击视图-平面视图-楼层平面,出现新建楼层平面对话框(见图 3-19),选中 F3、F4,勾选不复制现有视图,点击确定,则 F3、F4 出现在楼层平面(见图 3-20)。

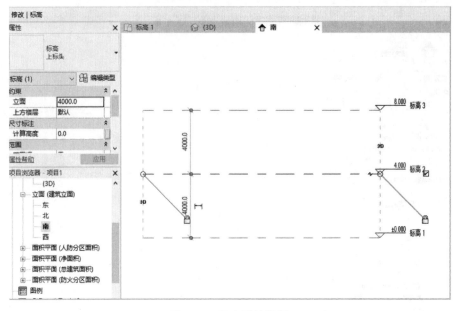

图 3-16　标高属性编辑

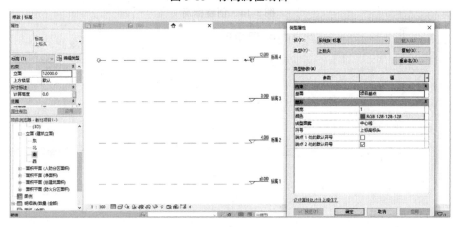

图 3-17　编辑标高族

3.4.2　轴网

标高创建完成后,可以切换至任意平面视图(如楼层平面视图)来创建和编辑轴网。轴网用于在平面视图中定位图元。

3.4.2.1　创建轴网

点击项目浏览器楼层平面,进入 F1 楼层平面视图。选中建筑或结构菜单,在功能区基准选项栏中点击轴网,出现"修改 | 放置轴网"界面,在当前视图下可以创建轴网。

创建轴网的方法与创建标高类似,可以直接放置创建一根轴线,或选择已有轴线复制、移动、偏移、阵列等,在此过程中可以通过尺寸标注调整轴线位置。注意:当选择某根水平轴线,采用偏移时,输入偏移距离后,再点击轴线上的任意两点,如果是先点击左边点,后点击右边点,则新轴线偏移在所点击轴线的上方,否则新轴线偏移在所点击轴线的

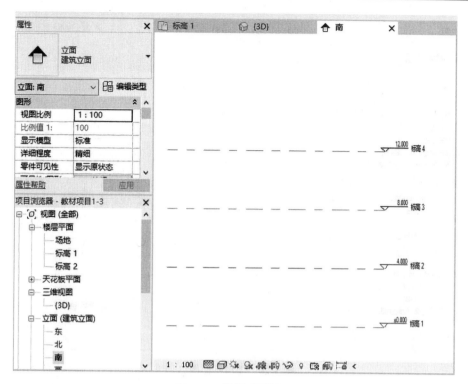

图 3-18 楼层平面图一

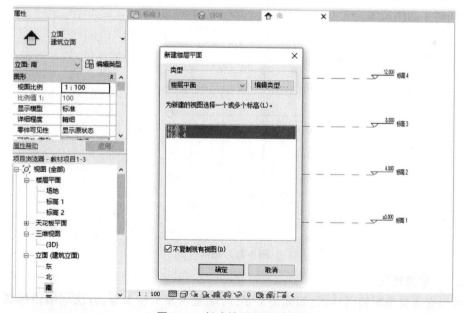

图 3-19 新建楼层平面对话框

下方;同样,对于竖直轴线,采用偏移时,点击所选轴线上的两点也有顺序,先上后下,则新轴线偏移在所点击轴线的右方,否则在左方。所建轴网的间距及多少,根据项目平面特征尺寸确定,方便辅助定位。轴网的编号系统自动按顺序排号,也可点击编号进行修改。房屋项目所建轴网如图 3-21 所示。图中轴网上下左右四个圆形标记为立面图标记符号,其

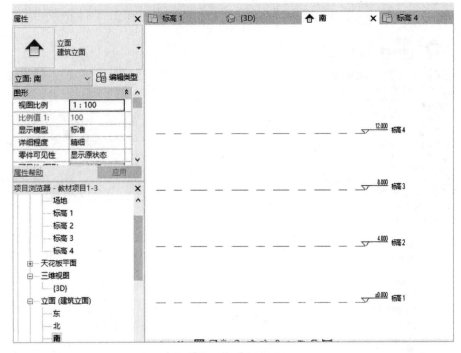

图 3-20　楼层平面图二

表示了立面图的范围,当平面图所占区域比较大,超过立面图标记时,可以拖曳立面图标记,以调整平面图范围。

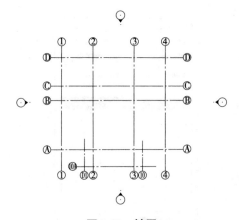

图 3-21　轴网

3.4.2.2　编辑轴网

可根据需要编辑轴网样式,如标头文字、两端是否显示标头等,方法同编辑标高。选择某根轴线,进入属性栏,可设置、修改样式等相关属性。轴网属性编辑界面如图 3-22 所示。

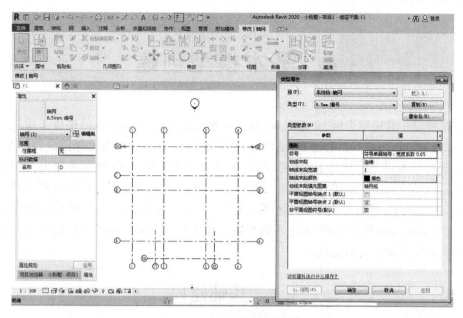

图 3-22　轴网属性编辑界面

4 基本模型创建

本章将以一套房屋为例,介绍 Revit 基本模型创建过程。Revit 软件集成了建筑、结构等模块,在工作界面菜单栏有建筑、结构等菜单,建模过程中哪些图元选用建筑模型? 哪些图元选择结构模型? 作为 Revit 初学者,不必太多关注建筑、结构专业知识,也不必刻意区分建筑模块和结构模块。案例项目建模过程中有些属性设置如墙体颜色、门的样式等,为了表达效果,可能与实际并不相符;此外,有关 Revit 的一些基本操作命令如单击、选取等,与 AutoCAD 原理相同,本书不再赘述。建议初学者先掌握基本建模方法与过程,其后在实践中不断完善与提高。

4.1 基础建模

4.1.1 独立基础

基础建模在平面视图里进行。从"项目浏览器-楼层平面-基础",进入基础平面视图(见图 4-1)。

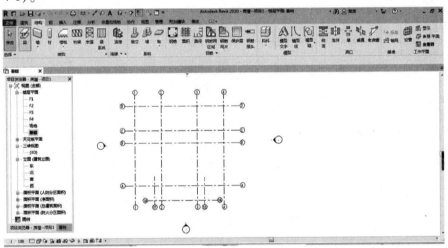

图 4-1 基础平面视图

上部菜单栏有建筑、结构等,点击进入建筑菜单,发现没有基础功能菜单,这是因为从专业划分来说,基础属于结构部分。点击进入结构菜单,出现基础功能菜单,可以进行基础创建。

基础有许多类型,对本案例房屋模型,先创建独立基础。

基础-独立基础,初次使用时会弹出"项目中为载入结构基础族。是否要现在载入",点击"是",出现载入族对话框(见图 4-2)。其中,系统自带的族文件保存在安装默认位置

China 文件夹下，有 MEP、建筑、结构、注释等多个类型族文件，选择"结构–基础"，出现独立基础类型供选择(见图 4-3)，本案例选择"基脚–矩形"。如果项目以前载入过相关族，则不会出现此界面，直接出现相关族。

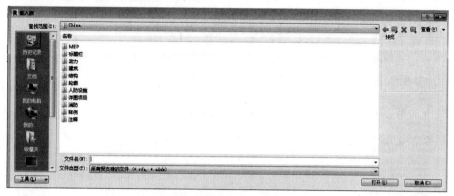

图 4-2　载入族对话框

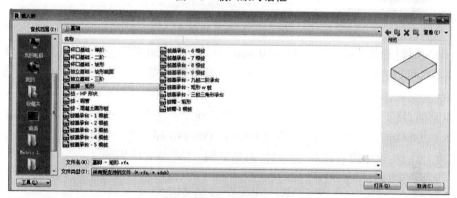

图 4-3　独立基础界面

点击"打开"，在基础平面视图出现矩形基础放置界面，选择轴线 1 与轴线 D 交点处放置基础，如图 4-4 所示。

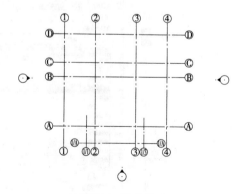

图 4-4　放置基础

放置完成后发现，放置的基础虽然是矩形，但其长、宽、高并不符合要求，需要进行修改。选中刚才放置的矩形基础，切换到属性选项卡，如图 4-5 所示。注意理解类别、族、类型,这里"基础"为类别,"基脚–矩形"为该类别下的族,"基脚–矩形 1 800×1 200×450 mm"为该族下的一个类型,其长、宽、高分别为 1 800 mm、1 200 mm、450 mm,此类型为系统自带(也可能是以前创建、保存在族库的)。

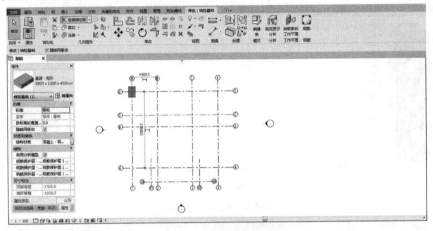

图 4-5 矩形基础属性

点击"基脚–矩形 1 800×1 200×450 mm"下边的"编辑类",进入该族类型属性界面(见图 4-6),可以进行相关属性修改。这里主要修改矩形基础的长、宽、高,并重新命名该类型。点击复制,出现名称对话框,输入:"房屋案例–1 200×1 200×450"(命名根据使用习惯,以简洁、易于识别为主),点击"确定",则新建了一个基脚–矩形族的类型:房屋案例–1 200×1 200×450。该类型实际上是 1 800×1 200×450 mm 的一个复制,在此类型基础上进行修改。注意,这里没有选择重命名,而是复制,二者是有区别的。

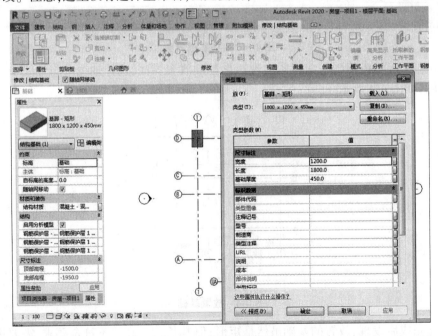

图 4-6 类型属性界面

　　刚才在复制的基础上新建了一个房屋案例–1 200×1 200×450族类型,还需对其相关属性进行修改。在尺寸标注栏里可以进行宽度、长度、基础厚度修改,本案例只需将长度改成1 200,点击"确定",发现基础尺寸已进行了修改,如图4-7所示。

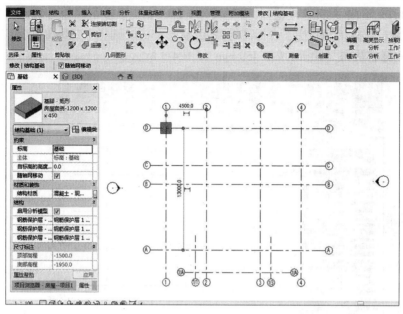

图4-7　房屋案例–1 200×1 200×450属性界面

　　点击"系统浏览器",进入"建筑立面",选择"西",则切换到西立面视图(见图4-8),可以查看刚才放置的基础的立面效果。

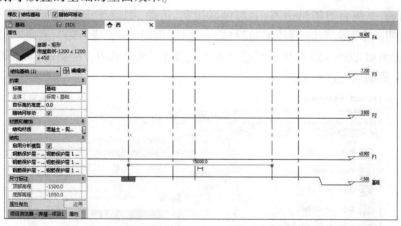

图4-8　房屋案例–1 200×1 200×450西立面视图

　　在立面视图里可以看到,1 200×1 200×450矩形基础的高度为450 mm,但其顶部或底部位置并不是该案例想要的,本房屋案例希望基础底平面标高为–1.500,而图中所示为基础顶平面标高为–1.500,需要进行调整。前面通过编辑类,修改了长、宽、高等参数,这些是类型参数,在编辑类立面页面完成。在"属性"窗口(见图4-8),左边列出的一些属性,如约束、材质和装饰、结构、尺寸标注等,这些是实例参数,实例参数的修改只针对所选中的图元,注意与类型参数的区别。

约束类型里标高参数,指的是系统默认的构件或图元的某一个面所要对齐的标高,对基础而言,系统默认是基础的上表面对齐某一个标高,标高选项列出了前面所创建的标高如基础、F1、F2 等,本案例选择基础,则 1 200×1 200×450 矩形基础的上表面对齐到基础标高-1.500。点击"约束"栏下自标高的高度,输入 450.0,则将 1 200×1 200×450 矩形基础的上表面标高从-1.500 m,增加 450 mm,如图 4-9 所示。

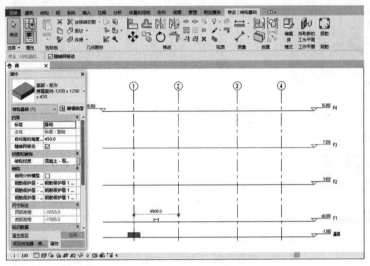

图 4-9　房屋案例-1 200×1 200×450 标高调整

点击"材质和装饰"栏下的结构材质栏选择框,进入材质浏览器(见图 4-10)。材质浏览器可以查看系统自带的材质库,上面可以搜索,选择"混凝土-现场浇注",右键,复制,重命名,创建一个"混凝土-现浇 C30"材质。选择"混凝土-现浇 C30",点击"确定",则房屋案例-1 200×1 200×450 基础材质已修改成混凝土-现浇 C30。材质的标识、图形、外观等可以在材质浏览器进行修改。

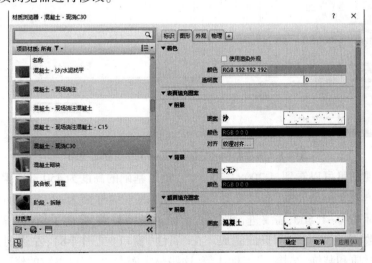

图 4-10　材质浏览器界面

至此,已为房屋案例创建了一个独立基础,命名为房屋案例-1 200×1 200×450,其长、宽、高几何尺寸及放置位置已按需要调整到位。

该房屋的其他独立基础,同一类型的可以选择复制,其他类型的可以按上面方法创建新的独立基础。

点击"项目浏览器",进入"楼层平面-基础"视图平面,此时发现刚才在Ⓐ轴与①轴相交处创建的独立基础并没有显示,看不到。这是视图范围设置的问题。基础平面视图的视图范围决定了在某一个范围深度内的视图可以被看见。点击"楼层平面-基础"视图,切换至属性选项卡,下拉出现范围属性栏,点击视图范围编辑按钮,出现视图范围设置界面,如图4-11所示。

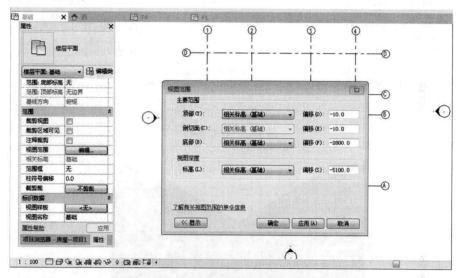

图4-11　视图范围设置界面

在基础视图平面视图范围属性窗口可以看到,该视图主要范围为:顶部是相对于相关标高(基础)偏移-10,也就是视图范围的顶部在基础标高以下10 mm,在基础标高以上的基础显然不在视图范围内。修改相应偏移量,改顶部偏移1 500,相应的剖切面、底板、视图深度用户可以尝试修改、调整。确定后,回到基础平面视图,此时可以看到基础截面。

选中Ⓓ轴与①轴相交处的基础,上下文功能选项卡出现"修改|结构基础"菜单,选择复制,分别在Ⓓ轴与②、③、④轴及Ⓐ轴与①、②、③、④轴相交处放置房屋案例-1 200×1 200×450,如图4-12所示。放置好以后,可以切换至三维视图或立面视图查看放置效果。

4.1.2　条形基础

Revit中条形基础为系统自带族,特指"墙下条形基础",其被约束到所支撑的墙,并随之移动。使用"结构-基础-墙"工具将条形基础放置在结构墙的下方(见图4-13)。其创建依赖于墙体,没有墙体无法创建墙体基础。

用户可以根据需要,基于系统自带模型族,创建项目所需要的条形基础族,详见第5章Revit族。

本房屋案例,在独立基础外,直接使用混凝土墙作为基础,方法如下:

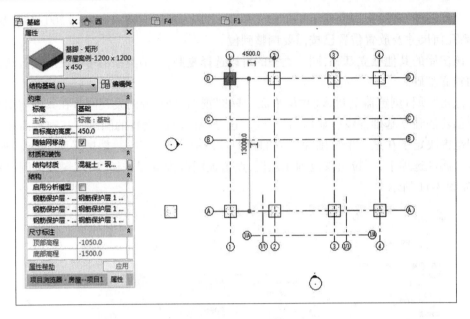

图 4-12　独立基础

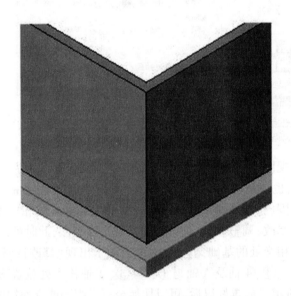

图 4-13　条形基础

进入基础视图平面,结构-墙-墙结构,创建两种类型的墙基础:基础-房屋项目-墙基1-450 与基础-房屋项目-墙基 2-350,其墙宽分别为 450 mm 与 350 mm,底板约束为基础标高,顶部约束为 F1 标高,材质为混凝土-现浇 C30。在平面视图与三维视图查看基础墙效果,如图 4-14、图 4-15 所示。

有关墙体建模步骤、方法见 4.5 节墙建模。

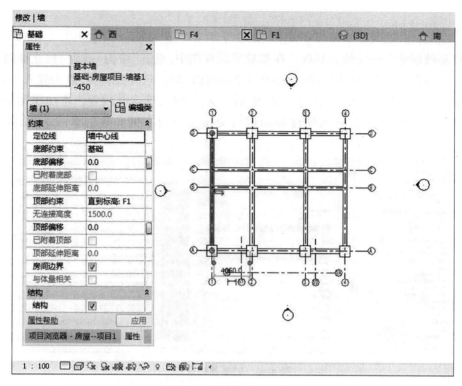

图 4-14 墙体基础平面视图

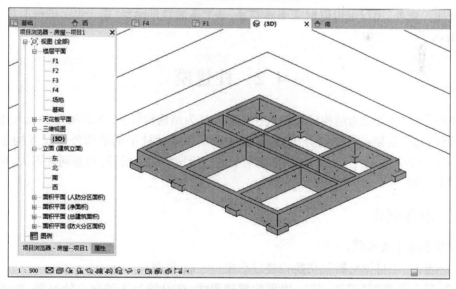

图 4-15 墙体基础三维视图

4.1.3 筏板基础

Revit 中的筏板基础与结构板的行为一致,实质上由同一族创建,只是归属类型不一样,故其功能与结构板一致,具体创建方法见 4.5 节墙建模。

4.1.4　桩基础

桩基础创建方法同独立基础。在基础平面视图中,点击"结构-基础-独立基础",默认出现上面创建的出现房屋案例-1 200×1 200×450 基础,选择编辑类,点击载入,出现系统自带基础族(见图 4-16),选择合适的桩基及承台基础,确定并放置。本房屋案例没有使用桩基。放置好以后,进入属性界面进行类型参数及实例参数的修改,方法同独立基础。

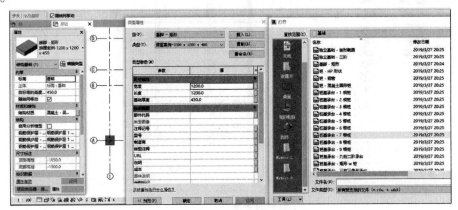

图 4-16　桩基基础选择

从 Revit 界面菜单栏,点击"插入-载入族",也可将系统自带的桩基族载入本项目,供选择使用。此外,用户也可以根据项目需要,基于系统自带模型,建立自己的桩基族,方法见 5 Revit 族。

4.2　柱建模

Revit 中的柱可分为结构柱和建筑柱。结构柱为结构构件,可在其属性中输入相关的结构属性,或在后期进行结构分析;建筑柱主要用于展示柱子的装饰外形及其构造层类型。对于初学者来说,在一般项目中,如果不进行后期结构分析等,则差别并不大,用二者都可以创建柱。

4.2.1　柱体创建

柱体创建主要步骤:

(1)点击"项目浏览器",切换到楼层平面——F1 平面。

(2)单击菜单栏"结构-柱",出现放置柱界面,在Ⓓ轴与①轴交点处放置,如图 4-17所示。

在这里,系统会自动显示最近使用过的柱族或载入系统默认的柱族。如果是第一次新建一个项目,默认载入的是一个工字型钢柱,本案例因使用的是以前创建的项目模板,故载入的是混凝土-正方形-柱 300×300,案例项目选择方形混凝土柱,柱截面尺寸为 350mm×350 mm,故需对其进行修改。

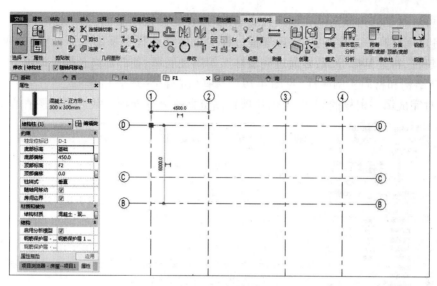

图 4-17 柱的放置

（3）选中刚才放置的柱，进入属性栏进行修改。首先修改其类型参数，点击"编辑类"，进行复制，命名为 Z-房屋项目-方柱 1-350×350，修改其 h、b 参数值为 350，如图 4-18 所示。

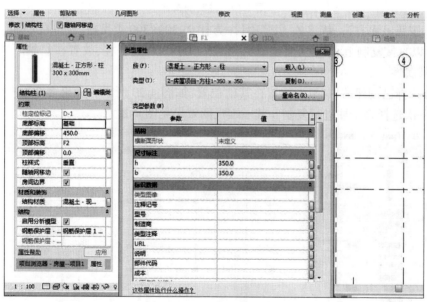

图 4-18 柱类型属性

（4）修改其实例属性。柱在平面放置，其高度靠底部标高与顶部标高进行控制。本案例柱下基础为前面建立的独立基础（房屋案例-1 200×1 200×450），该基础的顶标高为基础标高-1.5 m 往上偏移 450 mm，则柱的底部标高选择基础标高，偏移 450 mm；柱的顶部标高为 F2。

注意：在创建柱的过程中，可能会出现"附着的结构基础将被移动到柱的底部"，选择确定即可。这是因为该案例在创建独立基础时,在基础视图平面,创建柱的时候在 F1 平面,二者之间有高差。当然,在实际建模过程中也可能选择在基础平面创建柱,或者有时也会先建柱,再建基础等,最好通过调整柱实例属性底部、顶部标高及偏移即可。

(5)结构和材质实例属性(见图 4-19),选择"混凝土-现浇 C30"。

此时完成第一根柱的创建,可以从项目浏览器进入立面视图或三维视图查看效果。

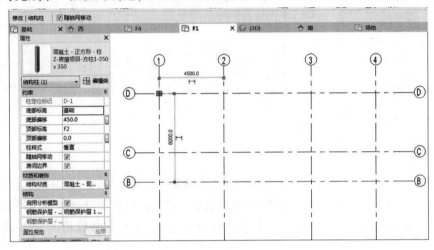

图 4-19　柱实例属性

(6)按照上面方法,新建 Z-房屋项目-方柱 2-300×300 类型柱,放置在ⓒ轴①轴交界处;也可以直接复制上面 Z-房屋项目-方柱 2-300×300 类型柱,放置在ⓒ轴①轴交界处后修改其属性。

(7)选择已创建的柱,复制放置在其他位置,如图 4-20 所示。如果多个柱整齐排列,也可以一次选择多个柱进行复制。其三维视图效果见图 4-21。

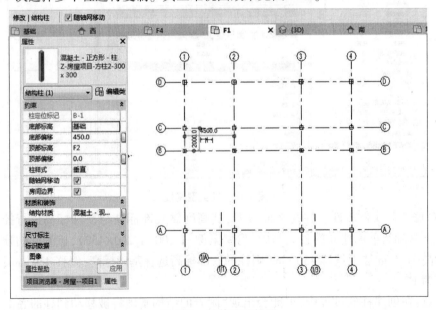

图 4-20　柱体平面视图

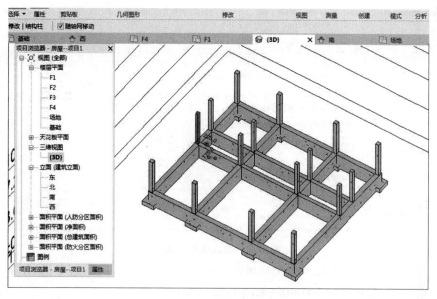

图 4-21　柱体三维视图

4.2.2　其他柱体

一般创建的柱皆为垂直柱,实际工程中有些也会出现斜柱。在"柱属性"对话框–约束栏–柱样式中,有垂直、倾斜–角度控制、倾斜–端点控制三种情况。要创建斜柱,可以选择倾斜,按前述方法放置以后,到立面视图修改柱上下端点位置。

4.3　梁建模

梁的创建在平面视图进行。该房屋案例先建的是第一层顶的梁,该梁的顶面与第一层顶面标高(F2 标高)对齐。从项目浏览器选择 F2,进入 F2 平面视图。此时根据 F2 平面视图属性–范围–视图范围设置不同,该平面视图有可能显示 F2 标高以下的基础及柱截面,可根据需要选择不同的视图范围,方法同 4.1 节基础建模。

梁的创建步骤如下:

(1)单击菜单栏结构–梁。

系统会自动显示最近使用过的梁族或载入系统默认的梁族。如果是第一次新建一个项目,默认载入的是一个工字型钢截面梁。沿①轴在Ⓐ、Ⓑ轴之间放置梁,系统默认该梁为热轧型钢梁 HW400×400×13×21。案例项目选择矩形混凝土梁,截面尺寸为 300 mm×400 mm,故需对其进行修改。

(2)选中刚才放置的梁,进入属性栏进行修改。首先修改其类型参数,点击"编辑类"。此时发现只有热轧型钢族,没有混凝土族。可点击"载入族",在系统族库选择"China–结构–框架–混凝土",选择其中的"混凝土–矩形梁"(见图 4-22),点击"确定",则该混凝土–矩形梁族载入当前项目中。

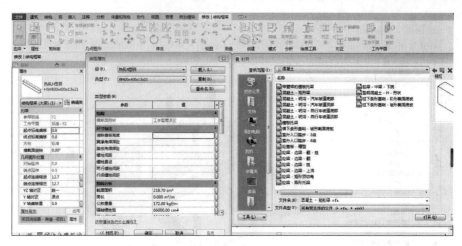

图 4-22　载入混凝土梁族

（3）选择刚才选中的梁，修改类型属性。进行复制，命名为 L-房屋项目-矩形 1-300×400，修改其 b、h 参数值为 300、400，如图 4-23 所示。

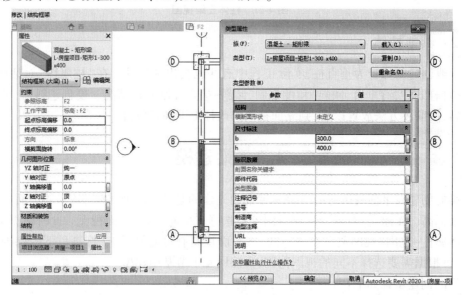

图 4-23　梁类型属性

（4）修改其实例属性。梁在平面放置，其长度在放置时通过两端点控制。其放置高度位置通过属性-约束-参照标高及起点标高与终点标高偏移来控制，梁的参照标高为梁上表面标高，此处梁上表面与标高 F2 对齐。梁为水平放置，起点、终点无偏移。如放置斜梁，则可根据需要设置相应起点、终点偏移。类似地，将该梁结构材质改为混凝土-现浇C30。

（5）按照上面方法，新建 L-房屋项目-矩形 2-300×250 类型梁，沿①轴在⑧、⑥轴之间放置；新建 L-房屋项目-矩形 3-300×300 类型梁，沿①轴在⑥、⑩轴之间放置；新建 L-房屋项目-矩形 4-300×350 类型梁，沿⑩轴在①~②轴、②~③轴、③~④轴之间放置。

（6）选择已创建的梁，复制放置在其他位置，如图 4-24 所示。其三维视图效果见

图 4-25。

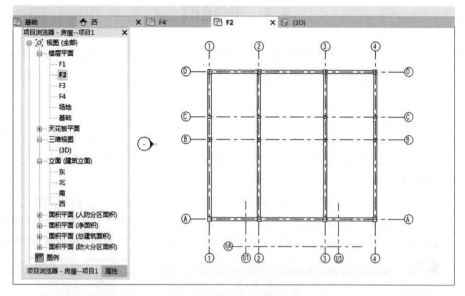

图 4-24 梁平面布置

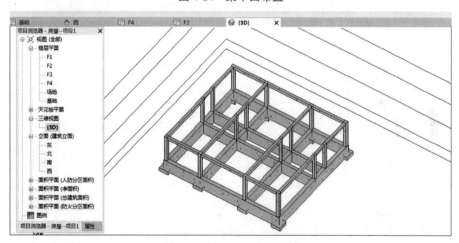

图 4-25 梁布置三维效果

梁的放置,可以选择直接沿轴网线布置,也可以选择菜单栏:"修改|放置梁",在绘制上下文选项卡上选择通过绘制直线、曲线等方法放置梁(见图 4-26),下方的"链"选择框勾选时,则可实现梁的连续布置。

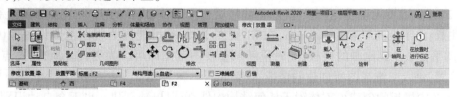

图 4-26 "修改|放置梁"界面

4.4　板建模

Revit 中的楼板可分为建筑楼板与结构楼板,其区别在于结构楼板后续可启动相关结构分析。在 Revit 中建筑楼板与结构楼板可以通过属性栏的有关属性设置进行相互转换。

4.4.1　楼板创建

本房屋案例先创建 F1 层底楼板,点击"项目浏览器",进入 F1 楼层平面视图。

楼板创建步骤如下:

(1)从菜单栏点击"结构",进入结构命令面板,下拉菜单选择"楼板:结构",在属性面板选择(修改)板的族类型,进入"修改|创建楼层边界",选择绘制面板栏的矩形框绘制,如图 4-27 所示。通过矩形选取框,选择左上、右下两个柱的边界,绘制出楼板边界线。

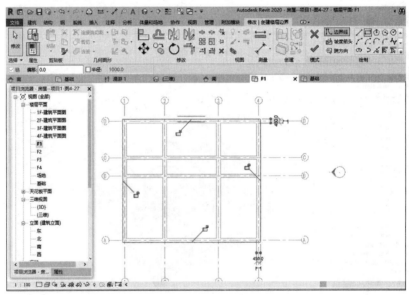

图 4-27　楼板边界绘制

此过程中,楼板属性修改,在编辑类中,通过复制(或直接选择)新建 B-房屋案例-现浇 1-200 混凝土楼板,楼板厚 200 mm,材质为现浇 C30。其约束为标高 F1(表示板的上表面与 F1 标高对齐)。

(2)楼板边界无误后,点击"修改|创建楼层边界"下模式栏的"√",完成板的绘制。

注意:由于板的厚度为 200 mm,在 F1 视图平面,有可能因为视图范围设置原因,在 F1 视图平面看不到刚画的楼板,此时重新调整视图范围即可。为更直观地查看,点击项目浏览器,进入三维视图所创建的楼板,效果如图 4-28 所示。

Revit 中楼板的创建可不依附于任何结构构件,可以单独创建。也不会自动识别梁边界进而在梁封闭空间内创建板,其边界完全取决于绘制的边界,且只能在"修改|创建楼层边界"绘制面板栏选择直线绘制、矩形框绘制、曲线绘制、拾取线、拾取墙等工具绘制。

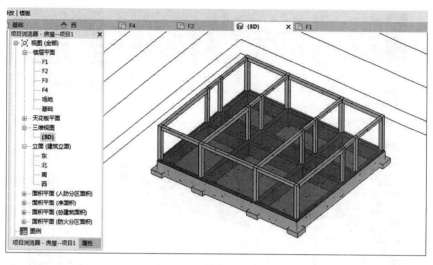

图 4-28　楼板三维视图

Revit 不会根据梁进行板跨打断,所绘板块默认为单块板。如要根据梁的布置,分跨绘制多块板,则必须分开绘制。

4.4.2　楼板编辑

根据需要,可以对楼板进行编辑,如创建倾斜楼板、楼板开洞等。

4.4.2.1　创建倾斜楼板

创建倾斜楼板有两种方法,一种为通过边线定义坡度,另一种为通过坡度箭头定义坡度。

(1)通过边线定义坡度。适用于楼板有一边为水平边的情况,操作步骤:双击所创建的楼板,进入"修改 | 编辑边界"界面,点选一条水平边线,勾选定义坡度选项,填写坡度,点击"√"完成。过程如图 4-29、图 4-30 所示。

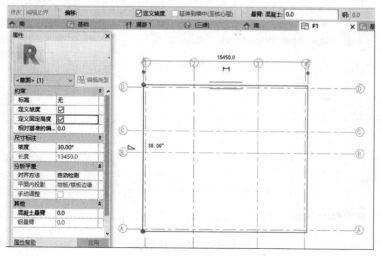

图 4-29　定义楼板坡度

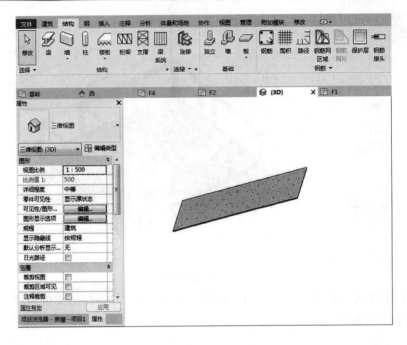

图 4-30　楼板倾斜三维视图

Revit 系统默认以选中边为基准,坡度为正值时,向下坡;坡度为负值时,向上坡。这跟后边要讲的坡屋顶的坡度定义正好相反,并且一个楼板只能有一个边定义坡度。

(2)通过坡度箭头定义坡度。该方法适用于任何情况的坡度定义,楼板坡度以坡度箭头方向及参数为准。操作步骤:双击所创建的楼板,进入"修改|编辑边界"界面,点击坡度箭头,绘制坡度箭头方向,属性栏约束指定为坡度,在尺寸标注坡度项输入坡度,点击"√"完成。此处坡度正值为坡度向上。过程如图 4-31 所示。

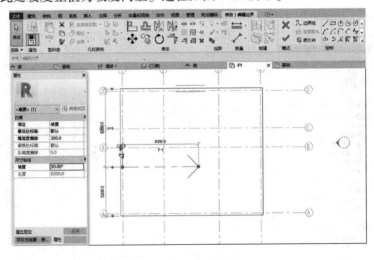

图 4-31　定义坡度箭头

4.4.2.2 楼板开洞

楼板开洞方式有四种,分别为洞口开洞、编辑楼板边界线开洞、通过空心构件洞口命令开洞、通过空心族构件开洞。

(1)洞口开洞。在结构命令面板–洞口面板,选择合适的开洞方式(见图4-32),本案例选择按面(其他方法类似。其中,竖井可以创建贯穿多层的洞口,其纵深(贯穿层数)在属性栏设置,一般设备井洞口多用竖井工具创建,以确保多个楼层的洞口对齐),点选要开口的楼板,进入"修改|创建洞口边界"界面,在绘制面板选择合适的绘制方法(有直线绘制、

图4-32 洞口开洞方式

矩形框绘制等),选择矩形框绘制(见图4-33),绘制完成后,点击模式面板"√",完成楼板洞口开洞,三维视图效果见图4-34。

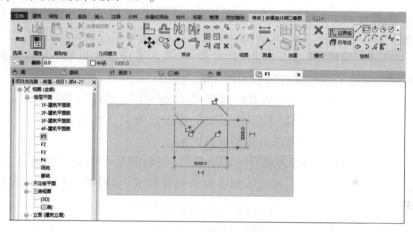

图4-33 创建洞口边界

图4-34 楼板洞口

（2）编辑楼板边界线开洞。双击选中楼板或选中楼板后，单击"编辑边界"进入"修改|编辑边界"界面，在绘制面板选择矩形框绘制，绘制完成后，点击模式面板上的"√"，完成楼板洞口开洞。

该方法的本质是将洞口作为楼板轮廓，在布置楼板时即可直接绘制洞口，系统会默认内轮廓线为洞口边线。因此，可以在新建楼板时，绘制楼板外边界后，在楼板边界线内再绘制洞口边界，点击模式面板上的"√"，完成绘制，直接得到带洞口的楼板。

注意：该方法绘制的洞口边线不可与原楼板边线重合或相交，否则无法创建洞口。

（3）其他两种开洞方式。通过空心构件洞口命令开洞、通过空心族构件开洞其实质为利用一个空心构件剪切实体构件，具体应用方法在后面章节结合相关案例进行讲解。

4.5 墙建模

Revit 中的墙体属于系统族，不能进行族编辑。与梁、柱等族不一样，梁、柱族为标准构件族（又称可载入的族），可以从系统族库载入，当在项目中双击梁或柱族，出现族编辑界面，可以对其进行编辑，而墙族不能从族库载入（或者系统族库里根本就找不到墙族）。墙体相关信息的修改需通过属性参数编辑完成。

Revit 中墙创建分为建筑墙、结构墙、面墙，此外还可以添加墙饰条与装饰条。面墙工具主要是使用体量面或常规模型来创建墙体的，可以方便灵活地创建一些建筑或者结构墙体不容易创建的墙，后面章节结合体量进行讲解。

墙相对于所绘制路径或所选现有图元的位置，由墙的某个实例属性的值来确定，即"定位线"。在图纸中放置墙后，可以添加墙饰条或分隔缝、编辑墙的轮廓，以及插入主体构件，如门和窗。

4.5.1 墙体创建

点击"项目浏览器-楼层平面"，进入 F1 平面视图。墙体创建步骤如下。

4.5.1.1 选择墙体

点击菜单栏"建筑-构建-墙-墙：建筑"，切换到属性面板，出现图 4-35 所示的墙族。

此处基本墙-常规-225 mm 砌体为系统默认，或最近使用过的墙，本案例需要其他样式的墙体。点击"编辑类型"，进入墙类型编辑（见图 4-36），通过复制，新建 Q-房屋项目-混凝土砌块（带面砖粉刷）-300 墙类型。点击构造-结构，进入 Q-房屋项目-混

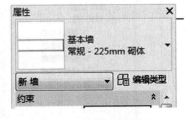

图 4-35 墙属性面板

凝土砌块（带面砖粉刷）1-300 墙结构编辑界面（见图 4-37），在该界面可以定义墙体各层结构（可以通过插入、删除增加或减少墙体层数，并通过材质库选择材料类型），此案例墙体内核心为 225 mm 厚的混凝土砌块，外墙为 45 mm 厚的面砖，内墙为 30 mm 厚的粉刷层。

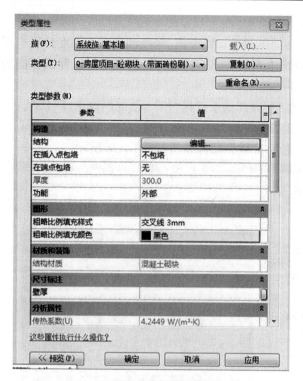

图 4-36　墙类型属性编辑界面

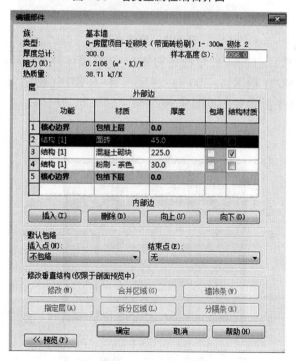

图 4-37　墙结构编辑界面

4.5.1.2　布置墙体

绘制墙体时 Revit 提供两种布置形式:深度和高度。深度是指自层标高向下布置,而高度则是指自层标高向上布置,同时可对高度、深度范围以建筑标高的形式进行限制,用户可根据习惯进行选用。

在属性面板-约束栏,底部约束选择"F1",顶部约束选择"F2",或在选项栏第一个下拉菜单选择"高度",第二个下拉菜单选择"F2",定位线选"墙中心线",勾选"链"。

选择墙体起点、终点,完成该墙体布置,如图 4-38 所示。

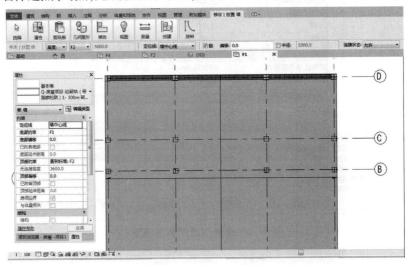

图 4-38　墙体放置

除上述 Q-房屋项目-砼砌块(带面砖粉刷)1-300 墙体外,房屋项目案例另建二种墙体:Q-房屋项目-砖砌块(粉刷)1-300、Q-房屋项目-砖砌块(粉刷)1-200。其他墙体的创建方法同上。墙体平面布置图见图 4-39。

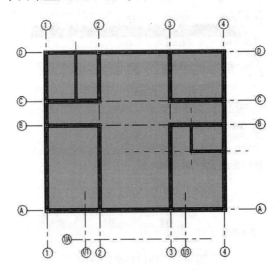

图 4-39　墙体平面布置图

　　在图 4-39 中墙 Q-房屋项目-砖砌块(粉刷)1-200 放置在①~②轴、③~④轴之间。跟其他墙体不一样,这几个墙体并没有放置在轴线上,如何定位？使用参照平面可以辅助定位(见图 4-40)。当所绘制的轴网不能满足某些定位时,在视图平面,可以绘制任意的参照平面[如图 4-39 中 Q-房屋项目-砖砌块(粉刷)1-200 墙体位置处的虚线]。参照平面可以基于轴线上下或左右偏移(方法同前面轴网偏移)。参照平面使用完毕后可随时删除或隐藏。

图 4-40　参照平面功能区

房屋项目 F1 层墙体创建完成后,三维视图见图 3-41。

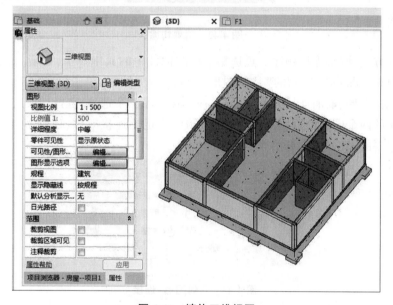

图 4-41　墙体三维视图

4.5.2　墙体开洞

　　墙体开洞一般有五种方法:洞口法、编辑轮廓法、内置洞口法、空心拉伸法、空心窗法。其中,洞口法、编辑轮廓法同前述楼板开洞方法,其余墙体开洞方法建议在后期实践中尝试练习。

4.5.3　墙梁连接顺序

　　在建模过程中经常会出现不同构件相交的情况和交接处相互重合的情况,如梁、柱、墙等。对重合部分,Revit 会自动进行连接处理,对不同的连接构件,处理效果不一样。

　　从系统浏览器进入房屋项目的南立面视图,在该视图可以看到房屋南立面的墙(Q-

房屋项目－砼砌块(带面砖粉刷)－300)及墙上的梁(L－房屋项目－矩形 1－300×400)。前面建模时,该梁、墙的约束属性均取为上部约束于 F2 标高,故会出现重合,系统会自动处理重合部分的连接。重合的部分是梁连接级别高(梁剪切墙)还是墙连接级别高(墙剪切梁),二者的显现效果不一样。从图 4-42 中可以看到,墙、梁重合部分,是墙剪切梁,直观表现为在重合部分,显示的是墙,这是因为系统默认墙的连接优先级别要高于梁。

　　显然,这部分需要调整(因为梁的位置被墙占了),如图 4-42 所示。可以用不同的方法进行调整。第一种方法,调整放置位置。如在创建相交的墙、梁模型时,直接在放置位置、高度上调好相关参数,如上面墙的约束可以调整为上部约束到 F2,往下偏移一个梁高距离,这样墙、梁在此处只是接触但没有相交。

图 4-42　墙剪切梁

　　第二种方法,调整连接顺序。点选相连接的构件中的其中一个,如墙,在上下文功能区选项卡出现如图 4-43 所示的"几何图形－连接"命令按钮,单击该案例进入下拉菜单,出现连接几何图形、取消连接几何图形、切换连接顺序三个选项,选择切换连接顺序,依次选择要连接的两个图元即可(图元选取先后顺序决定了连接顺序,建议多尝试几次),调整后得到想要的连接效果,如图 4-44 所示。

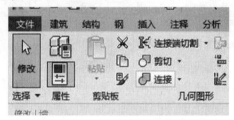

图 4-43　几何图形－连接

图 4-44　梁剪切墙

　　按第二种方法,依次调整房屋案例墙、梁连接顺序。需要说明的是,有些不同构件虽然相交,但并不需要刻意去调整或检查连接顺序,如梁、柱,当二者采用的是同一种材料,且不考虑其他受力分析等,采用系统默认连接即可。

4.6 门窗创建

门窗是建筑设计中常用的构件。Revit 提供了门、窗工具,用于在项目中添加门、窗图元。门、窗必须放置于墙、屋顶等图元上,这种依赖于主体图元而存在的构件称为"基于主体的构件",删除墙体,门窗也随之被删除。

4.6.1 门的创建

4.6.1.1 门的放置

在 Revit 项目中放置门,其实就是将门族模型添加到项目中。Revit 系统自带的门族类型并不多,用户可使用族工具,基于相关门族类型创建相应的门族,进而使用"载入族"命令将用户自制的门族载入项目。

房屋案例已建好一楼的墙体,根据需要,可在墙上放置门。步骤如下:

(1)点击"项目浏览器",选择楼层平面,进入 F1 平面视图。

(2)点击"功能区-构建-门",切换到属性面板,出现可供使用的门族类型(见图 4-45)。项目需要在Ⓐ轴上②、③轴之间放置入户大门。系统默认供选择的是单扇-与墙齐 0915×2 134 门类型(也有可能是前面载入、最近使用过的门类型),该类型及下拉菜单提供的门类型均不合适,需要重新选择。

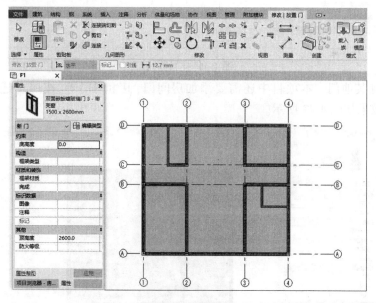

图 4-45 门族属性

(3)载入门族。点击上下文功能区模式栏下"载入族"按钮,出现默认族保存位置,选择 China-建筑-门-普通门-平开门-双扇,里面提供了部分双开门样式,选择双面嵌板镶玻璃门 3-带亮窗,点击打开,则该门族载入项目。门族文件夹里面的门类型,有部分是系统自带的,也有些是不同项目自建的门族保存在其中,随着项目的积累,不同样式的门族会逐渐丰富族库。

（4）修改门族参数。点击"建筑-门"，出现"修改|放置门"界面，切换到属性界面，选择刚才载入的双面嵌板门，点击编辑类型，复制一个门类型，命名为 M-双开入户大门 1-2 700×2 600，并更改其宽为 2 700 mm，高度不变。其他材质参数等可以根据需要进行修改。

（5）放置门。点击"确定"后，出现门放置界面拾取Ⓐ轴上的墙体，定位在②、③轴之间，在此过程中会出现辅助定位标注，调整到合适位置确定即完成门的放置，如图 4-46 所示。门的高度位置通过门底部约束于标高 F1 来控制，底高度可根据需要进行设置。

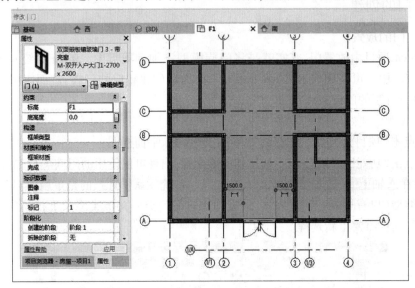

图 4-46 门的放置

（6）添加其他门。本项目中还需要添加房间门、卫生间门等，按照上述方法分别添加，完成后效果如图 4-47 所示。

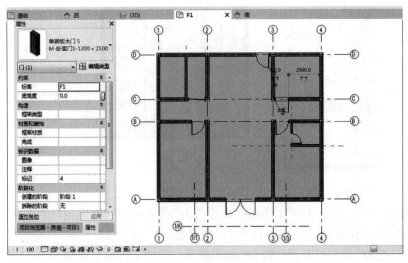

图 4-47 门的平面布置

4.6.1.2 门的编辑

仔细观察图 4-47,发现右上角的门与平常开启习惯不一致,一般情况下室内门向里开启,而图示门向外开启,并不合适。事实上,在墙上放置门时,系统会出现上下、左右箭头,点击此箭头可以修改门的开启方向及门轴位置,同时还提供尺寸标注辅助定位。根据需要进行调整、修改后如图 4-48 所示。

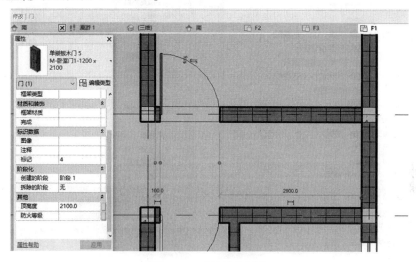

图 4-48　门的放置调整

有关门的其他属性,如样式、材质、尺寸等,可以根据需要进一步调整。本案例仅为说明门的创建方法,选取的门类型可能并不一定合适,用户可以根据需要,在建模实践中逐渐根据需要自建丰富相关的门族。

4.6.2　窗的创建

窗的创建与门相同,需要事先加载所需要类型的窗族。系统自带部分窗族,用户也可根据需要基于相关模型自建窗族,以丰富窗族模型库。

切换到项目浏览器,进入楼层平面,打开 F1 视图平面。在相应墙体上布置窗族,基本方法同门的放置。

在功能区点击"窗"按钮,点击"载入族"按钮,选择 China-建筑-窗,选择相应样式的窗点击"打开",则该窗族载入项目。窗族载入项目后,可在属性面板进行类编辑,通过复制新建不同尺寸的窗族,如:C-弧顶 1-1 800×2 100、C-推拉窗(带贴面)1-1 500×1 800、C-推拉窗 1-1 800×1 800、C-推拉窗 2-1 200×1 800。

类型参数修改后,可以有两种途径将窗放置在墙上。

途径一:点击功能区窗按钮,切换到属性面板,此时属性面板出现刚才载入的窗族,下拉菜单会出现最近使用过的窗族及载入的窗族,选择需要的窗族,点击,到墙体合适位置放置窗(通过尺寸标注辅助调整位置)。

途径二:系统族载入项目后,在项目浏览器族类别下会列出已经载入的所有族(见图 4-49),点击"族-窗",在窗族类型列表中选择合适的窗,单击鼠标右键,出现复制、删除、创建实例等菜单,点击创建实例选项,则该窗族被选中,回到墙体,选择合适位置放置。

此方法对入载系统的其他族同样适用(如门、梁、柱等) 。

图 4-49　项目浏览器-族

　　在墙体上放置窗后,可在属性面板进行修改。在编辑类属性里可以调整窗高、宽等尺寸及材质等;在实例属性面板可调整窗的约束:标高、底高度。此处标高对应的是窗台底边标高,底高度代表窗台底离约束标高的高度,通过这两个约束,控制窗台距离楼层地面高度。此外,对于一些类型的窗户,涉及开启方向、内外等,选中窗台后通过对应按钮调整即可。

　　门、窗布置后三维视图效果如图 4-50 所示。

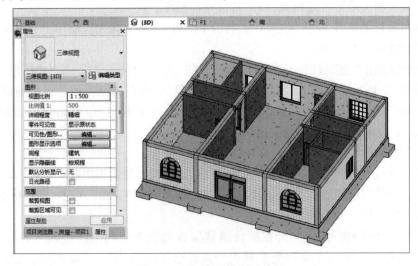

图 4-50　门、窗三维视图效果

4.7　楼层整体复制

至此,该房屋项目已完成一楼梁、板、柱、墙及相应门窗的创建。对于其他楼层,如果相应构件及图元与一层相同或类似,可以通过整体复制完成其他楼层相应构件的创建,对于各边不同至此,可以单独进行编辑、调整。

在整体复制之前,从图4-50发现,左上角楼梯间处不应该有墙,相应位置要加梁,此外客厅采用一二层挑空,相应位置需要加梁。从项目浏览器–楼层平面,进入 F1 视图平面,调整楼梯间墙体,直接选中,拖曳端点到合适位置即可;从项目浏览器–楼层平面,进入 F2 视图平面,通过先建或复制等加梁。

此外,在复制前,检查各构件(图元)相交处的连接关系。如梁柱相交,相交部分是梁剪切柱还是柱剪切梁,可以根据需要切换连接顺序。不同的连接顺序会对统计工程量(相交重复部分是统计在梁工程量里?或是统计在柱工程量里?这是由连接关系来确定的)、梁跨设置(如有的是几个梁连在一起形成多跨连续梁,有的则是几个单跨梁)等有一定影响。初学者可以尝试切换不同的连接顺序进行比较分析。

4.7.1　隔离、隐藏、过滤

通过楼层整体复制,可以将一层创建的板、柱、梁、墙、门、窗等整体复制到二层。为方便选择所有构件,进入项目浏览器,点击进入三维视图。选择需要复制的相关构件:可以通过按 Ctrl 键逐一选择,也可以全部框选。全部框选时,发现会将所有的图元选中,包括并不需要的标高线、基础等。此时,可通过两种方法将并不需要的图元隐藏或隔离。

4.7.1.1　隔离、隐藏

通过窗口底部的视图控制栏–"临时隐藏/隔离"按钮(图4-51中的"眼镜"图标):先选择需要隔离的图元,如标高线,点击"临时隐藏/隔离"按钮,出现"将隐藏/隔离应用到视图菜单",选择隐藏类别,则刚才选择的标高线这一类图元将被隐藏(是所有这一类型的图元,而不仅是刚选中的其中一个图元)。继续选择模型中的一个基础(基脚–矩形),隐藏类别,则所有该类型的基础将被隐藏。如要想恢复被隐藏的图元,则可在"将隐藏/隔离应用到视图菜单"里点击"重设临时隐藏/隔离"按钮,则所有被隐藏的图元将被恢复视图。

图 4-51　临时隐藏/隔离

4.7.1.2　过滤器

在视图窗口框选所有图元,单击上下文功能选项区的"过滤器"按钮,出现过滤器界面(见图4-52)。在此界面,勾选表示选中所需要的,取消勾选表示过滤掉不需要的。将标高、基础前面的勾选去掉,则选中除此两类型外的所有其他类型图元。

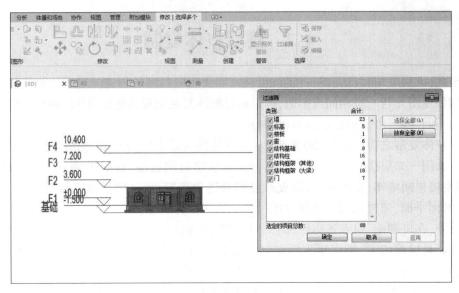

图 4-52　过滤器

4.7.2　整体复制

　　按上述方法选中需要复制到二层的所有图元。注意,上述隔离/隐藏或过滤器,并没有将 4.1.2 节所建的混凝土墙体基础隐藏或过滤。这是因为,该基础不是基于基础图元类型创建的(因为系统自带族库并没有合适的条形基础,或者说前面为了讲解方便,没有先建墙体,所以没法创建墙下条形基础),而是直接创建混凝土墙作为基础,该类型属于墙,而不属于基础。所以在隐藏/隔离、过滤基础后,并没有将此隐藏或隔离。建议使用者在后期实践中,尽量使用属性相对应的图元类型。

　　选中一层所有图元,点击上下文功能选项区剪贴板复制到剪贴板 [图] (见图 4-53),点击粘贴案例,出现"从粘贴板粘贴""与选定的标高对齐"等下拉菜单,点击"与选定的标高对齐",出现选择标高选择框,选择需要复制到的标高即可,这里需要将一层的相关图元复制到二层,故选择 F2 标高,点击"确定",完成复制。

图 4-53　过滤器

　　将一层整体复制到二层后,各边需要调整、修改,如一层的前后入户门二层并不需要;一层客厅上是挑空的,需要将二层相应部分楼板进行切除等。

　　切换到项目浏览器,进入南立面视图,选中二层的楼板并双击,出现转到视图界面

（见图4-54），选中楼层平面F2，点击"确定"，则进入F2平面楼板编辑界面（见图4-55）。

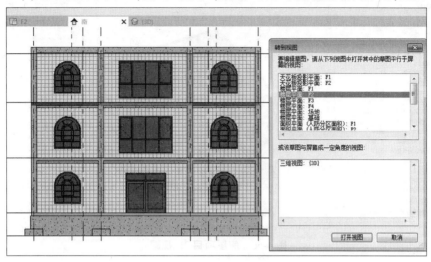

图 4-54　转到视图界面

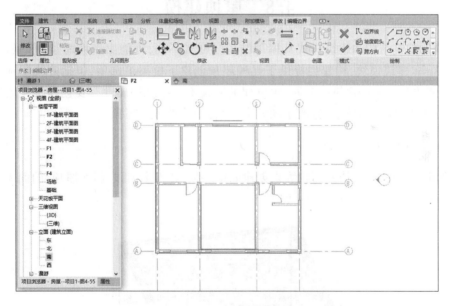

图 4-55　楼板编辑界面

在楼板编辑界面可以进行楼板编辑。红色线框为原F2层楼板界面。一层客厅挑空，需要在相应位置切除原楼板，可以直接在需要切除的地方绘制切除边界，图中在挑空处通过矩形绘制框绘制了一个矩形框，绘制完成后，点击模式下"√"按钮，完成挑空部分楼板切除。

用同样方法，复制生成F3楼层，并根据需要进行调整。调整完成后的3D视图效果见图4-56。

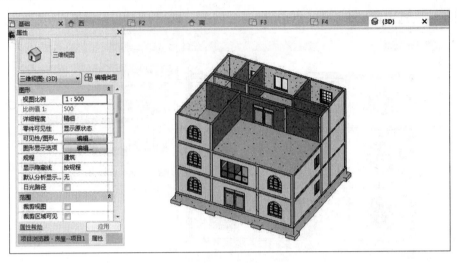

图 4-56　房屋项目 3D 视图

4.8　屋顶建模

不同的建筑结构和建筑样式其屋顶结构与样式不同,可能出现坡屋顶、平屋顶等形式。在 Revit 建筑模块,构建栏提供了几种屋顶创建下拉菜单选项,包括迹线屋顶、拉伸屋顶、面屋顶等。采用建筑-屋顶选项创建的屋顶不具备结构属性。要创建结构屋顶,可以先建立平面楼板,再采用"修改子图元命令"编辑修改成坡屋顶。

4.8.1　拉伸屋顶

拉伸屋顶是通过拉伸截面轮廓来创建简单屋顶,如人字屋顶、斜面屋顶、曲面屋顶等。图 4-57 所示拉伸屋顶的创建方法如下:

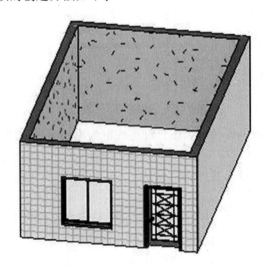

图 4-57　拉伸屋顶房屋案例

（1）切换图4-57所示房屋项目的视图为立面视图（南立面视图）。

（2）单击：建筑-构建-屋顶-拉伸屋顶，弹出拉伸屋顶工作平面对话框（见图4-58），选择拾取一个平面。拾取东立面墙，出现"修改|创建拉伸屋顶轮廓"界面。为方便屋顶轮廓定位，可以先创建几个参照平面（见图4-59），参照平面可以直接绘制、偏移绘制等。

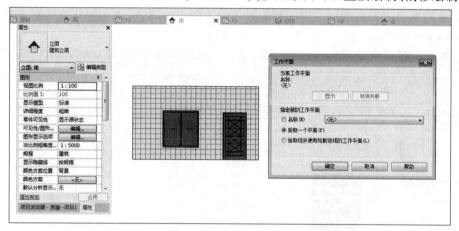

图4-58 拉伸屋顶工作平面对话框

（3）切换至拉伸屋顶属性面板，选择合适的屋顶。该样例选取基本屋顶-常规400 mm。屋顶厚度、材质等可在相应属性进行修改。

（4）绘制拉伸屋顶截面轮廓线（见图4-59）。可通过选择直线绘制、矩形绘制、曲线绘制等方法。图4-59中虚线为辅助定位的参照平面。

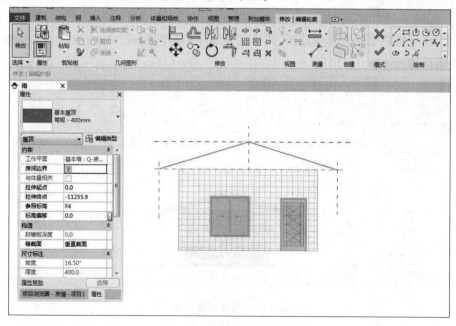

图4-59 绘制拉伸屋顶截面轮廓线

（5）点击模式栏"√"，完成拉伸屋顶截面轮廓线绘制。

（6）调整、修改拉伸起点位置。切换到样例项目屋顶标高视图（见图4-58）。图中拉伸起点、终点系统自动设置,并不是需要的位置。样例项目希望拉伸起点、终点在相应墙体外 1 200 mm,如图 4-60 中参照平面(虚线)位置。可以通过拖曳上、下两个箭头,直至屋顶轮廓面与参照平面重合。或者使用修改面板区对齐命令(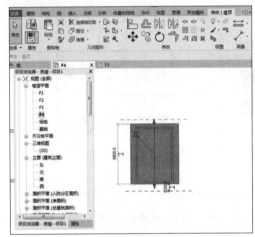),先点击"对齐"命令按钮,选择上参照平面(屋顶边界需要对齐到该线),再选择屋顶边界(将要对齐到刚才选择参照平面的屋顶边界),即可实现屋顶边界与上参照平面对齐;采用同样方法对齐下边界(见图 4-61)。

图 4-60　屋顶拉伸起点、终点平面视图　　　　　图 4-61　对齐屋顶边界

(7)墙体附着到屋顶。切换至南立面视图,此时发现南立面墙体上部并没有与屋顶相连接(见图 4-62)。选中墙体,出现上下文功能选项区修改墙面板,单击"附着顶部/底部"命令,再选择将要附着到的屋顶,即可完成墙体附着到屋顶。检查其他需要附着到屋顶的墙体。

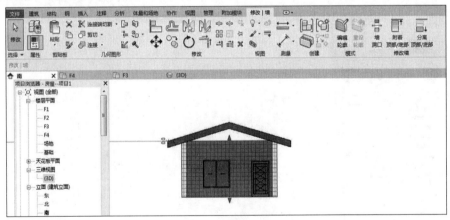

图 4-62　墙体附着界面

创建完成的拉伸屋顶如图 4-63 所示。拉伸屋顶法还可以创建斜屋顶、曲面屋顶等,绘制相应的拉伸轮廓截面线即可。需要说明的是,拉伸屋顶仅适用于平面形状比较简单的屋顶创建。

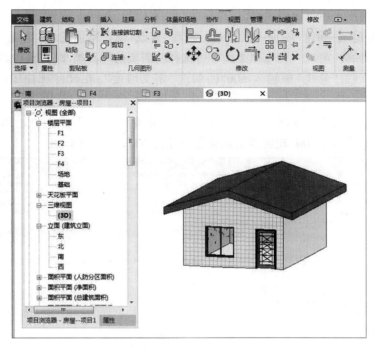

图 4-63　拉伸屋顶

4.8.2　迹线屋顶

迹线屋顶法可以绘制平屋顶和坡屋顶。二者方法相同,只是平屋顶不需设置屋顶坡度。

以创建图 4-64 所示房屋的坡屋顶为例,迹线屋顶创建方法如下:

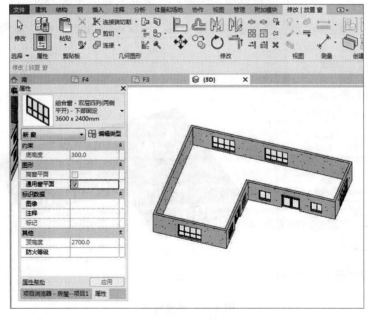

图 4-64　迹线屋顶房屋案例

（1）切换视图至屋顶楼层平面。

（2）单击:建筑-构建-屋顶-迹线屋顶,出现"修改|创建屋顶迹线"界面。

（3）切换到属性窗口。在屋顶类型中可选择所需要的屋顶类型,并修改其相关参数。

（4）在选项栏:"悬挑"框输入 600.0,勾选"定义坡度";在尺寸标注属性栏,输入坡度 30.00°。

（5）点击上下文功能选项区绘制面板栏里"拾取墙"按钮(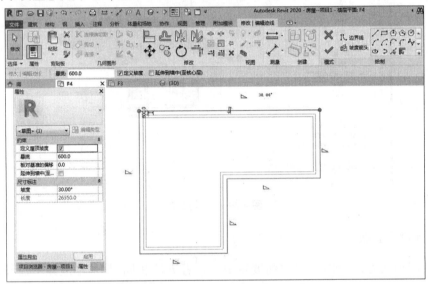),沿外轮廓线依次选择墙体(由于设置悬挑为 600,轮廓线沿墙体往外偏移 600)。见图 4-65。

图 4-65　修改编辑迹线

（6）点击模式栏"√",完成迹线屋顶绘制。三维效果如图 4-66 所示。

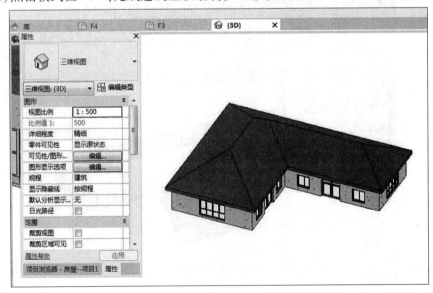

图 4-66　迹线屋顶

　　说明:使用迹线屋顶法创建屋顶,系统通过默认算法生成相应屋顶。可以在修改编辑迹线界面修改各边的坡度等。但对于一些复杂平面,系统有时不能自动生成迹线屋顶。初学者可以在后期实践中尝试创建不同墙体平面的迹线屋顶。

4.8.3　"修改子图元命令"法创建屋顶

　　该方法通过创建平面楼板,再通过相关命令修改楼板指定位置的高度,进而生成坡屋顶。该平面楼板可以是建筑楼板,也可以是结构楼板,因此可通过此方法创建结构坡屋顶。

　　同样以图4-64所示房屋为例,"修改子图元命令"法创建屋顶步骤如下:

　　(1)进入屋顶标高平面视图,以墙为边界,创建楼板。点击结构-楼板-楼板:结构,进入"修改|创建楼板边界"界面。楼板类型选择系统自带板类型,或根据屋顶结构类型,在相应楼板模型基础上修改相关属性创建所需楼板类型,或提前建立楼板类型族。此处直接选用系统自带的楼板类型。偏移框输入600,在绘制面板区,选择拾取墙按钮,拾取墙体。

　　(2)点击模式栏"√",完成楼板绘制。

　　(3)为方便屋脊线定位,选中刚才绘制的楼板,沿屋脊线位置创建参照平面。点击"添加分割线"命令,在楼板上绘制屋脊线;点击"添加点"命令,在屋脊线上添加控制点(见图4-67)。

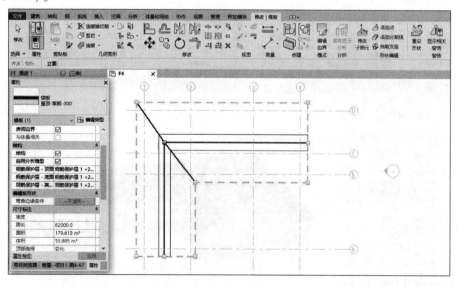

图4-67　添加分割线及添加点

　　(4)选中楼板,点击"修改子图元"命令,选中相应控制点,修改控制点旁出现的高度(见图4-68),由0改为1 200(表示此点的高度相对于楼板平面标高的高度为1 200 mm)。根据需要修改相关控制点高度,如有些边上控制点的高度为0,有些为1 200,需要根据坡屋顶的高度来控制。

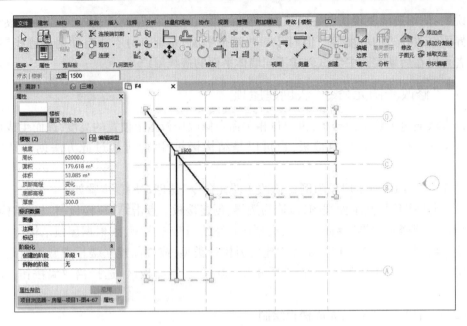

图 4-68　修改屋脊线控制点高度

（5）控制点高程修改完成后退出楼板编辑界面，完成修改。创建的坡屋顶三维效果如图 4-69 所示。

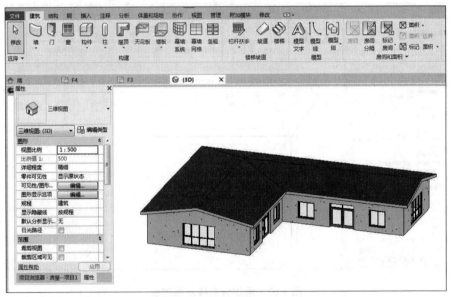

图 4-69　"修改子图元法"创建的坡屋顶

采用"修改子图元法"创建房屋项目坡屋顶，并在二楼露台边缘创建栏杆，三维视图见图 4-70。

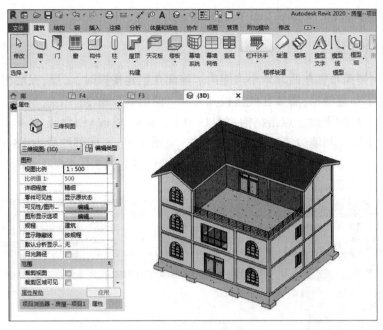

图 4-70　房屋项目坡屋顶

4.9　楼　梯

楼梯主要为解决垂直交通和高差,一般由楼梯段、平台和栏杆扶手三部分组成。

4.9.1　楼梯尺寸要求

楼梯设计应遵守相应行业规定。楼梯设计需要控制的尺寸参数主要有以下几个。

4.9.1.1　楼梯坡度

楼梯坡度一般为 20°~45°,其中以 30°左右较为常用。楼梯坡度的大小由踏步的高宽比确定。

4.9.1.2　踏步尺寸

踏步尺寸包括踏步宽和踏步高,根据建筑物类型,适宜踏步高一般为 120~175 mm,踏步宽(也称踢面深)一般为 260~350 mm。

4.9.1.3　梯段宽度

梯段宽度是指梯段外边缘到墙边的距离,它取决于同时通过的人流数和消防要求,一般单人通过要求≥900 mm,双人通过要求 1 100~1 400 mm。

4.9.1.4　平台宽度

楼梯平台有中间平台和楼层平台之分。为保证正常情况下人流通行和非正常情况下安全疏散,以及搬运等使用要求,中间平台和楼层平台的宽度均应大于或等于梯段宽度。

4.9.1.5　楼梯净空高度

楼梯的净空高度是指平台下或梯段下通行人时的竖向净高。其中,平台下净高不应小于 2 000 mm,梯段下净高不应小于 2 200 mm。

4.9.2　楼梯间洞口

　　房屋案例楼梯布置在西北角小房屋内。前面在创建楼板时,二层、三层相应位置均创建了楼板,为了布置楼梯,需要在此楼板处开洞。使用洞口命令。

　　切换到 F3 楼层平面。点击结构-洞口-竖井,出现"修改|创建竖井洞口草图"界面,选择边界线,沿楼梯间墙边缘绘制洞口边界线(见图 4-71)。底部约束为 F3,由于要将 F2 楼板也切除,故底部偏移选择大于层高(3 600 mm),取为向下 4 000 mm。点击模式栏"√",完成洞口创建。

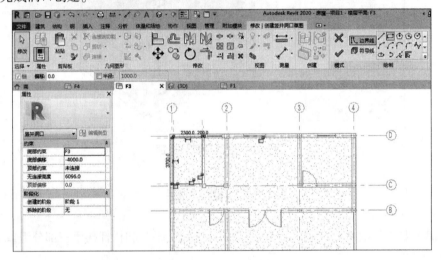

图 4-71　创建竖井洞口

　　在三维视图模式下,由于墙、板等已建好,房屋内的部分构件(图元)看不到,可以通过定向视图来查看所创建的洞口。切换到三维视图模式,在 ViewCube 导航工具上单击鼠标右键,出现系列菜单,选择"定向到视图"-楼层平面-F3,此时三维视图只显示 F3 平面。在房屋模型旁边会出现剖切框,可以通过上、下、左、右拖曳控制剖切框的范围,进而调整三维视图范围。图 4-72 为竖井洞口定向视图。该视图剖面框高度方向控制在二、三层之间,可以看到二层楼板已被切除。

4.9.3　创建楼梯

　　Revit 楼梯创建在建筑模块。主要分为按构件方式和按草图方式,其中按构件方式是通过载入 Revit 楼梯构件族的方式组合成楼梯,创建方法相对较为简单;按草图方式可以根据需要自行绘制梯段草图,其方法与按构件创建楼梯类似。按构件方式创建楼梯步骤如下:

　　(1)切换视图至 F1 楼层平面视图。点击建筑-楼梯,激活"创建|修改楼梯"上下文选项卡。

　　(2)在属性面板中,设置楼梯限制条件参数(包括底部约束、最大踢面高度、最小踏板宽度、最小梯段宽度等),如图 4-73 所示。

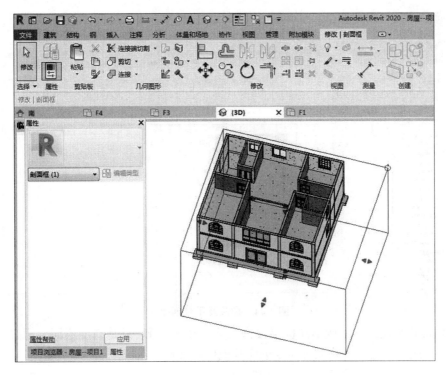

图 4-72　竖井洞口定向视图

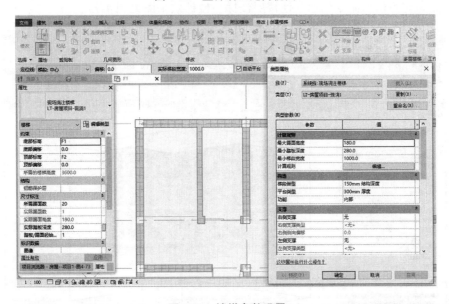

图 4-73　楼梯参数设置

（3）创建梯段、平台。在"创建|修改楼梯"上下文选项卡中点击梯段,在合适位置放置第一梯段、第二梯段(见图 4-74),注意调整梯段宽度及踏板宽度以满足上面限制要求。梯段放置好后点击平台按钮,在两个梯段转换处放置平台。注意调整平台高度(在立面视图)。在创建梯段时系统自动创建楼梯扶手,根据需要进行调整。

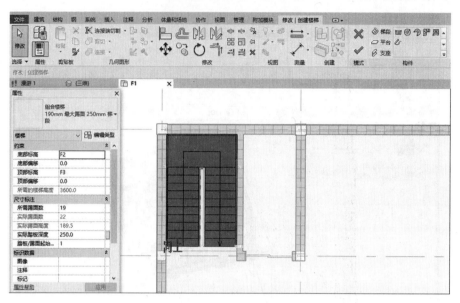

图 4-74　梯段及平台创建

（4）楼梯复制。本案例不同楼层楼梯在同一平面位置，只是高度不同。通过复制到粘贴板、与同一位置对齐粘贴等命令创建其他楼层楼梯。

此外，也可通过创建组合楼梯（梯段、平台组合在一起）等方式，通过复制到粘贴板、与选定标高对齐粘贴命令创建其他楼层楼梯。楼梯效果图见图 4-75。

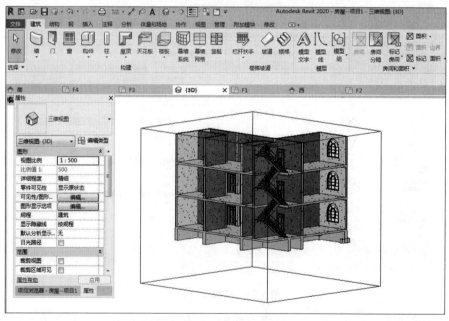

图 4-75　楼梯三维视图

说明：楼梯的创建需要满足踏步宽度、高度、平台宽度等基本要求，系统会根据设定的限制条件自动计算。创建楼梯的过程，需要初学者在实践中不断总结与提高。

5　Revit 族

5.1　族简介

　　Revit 族(family)是某一类别中图元的类,是根据参数(属性)集的共用、使用上的相同和图形表示上的相似来对图元进行分组。一个族中不同图元的部分或全部属性可能有不同的值,但属性的设置是相同的。

　　Revit 中的所有图元都是基于族的。族是 Revit 中使用的一个功能强大的概念,有助于人们更轻松地管理数据和进行修改。每个族图元能够在其内定义多种类型,根据族创建者的设计,每种类型可以具有不同的尺寸、形状、材质设置或其他参数变量。使用 Revit 的一个优点是不必学习复杂的编程语言,便能够创建自己的构件族。使用族编辑器,整个族创建过程在预定义的样板中执行,可以根据用户的需要在族中加入各种参数,如距离、材质、可见性等。可以使用族编辑器创建现实生活中的建筑构件和图形/注释构件。

　　Revit 包含标准构件族(可载入族)、系统族和内建族三种。常见的族创建及族添加基本方法如下。

5.1.1　创建标准构件族的步骤

　　(1)选择适当的族样板。
　　(2)定义有助于控制对象可见性的族的子类别。
　　(3)布局有助于绘制构件几何图形的参照平面。
　　(4)添加尺寸标注以指定参数化构件几何图形。
　　(5)全部标注尺寸以创建类型或实例参数。
　　(6)调整新模型以验证构件行为是否正确。
　　(7)用子类别和实体可见性设置指定二维和三维几何图形的显示特征。
　　(8)通过指定不同的参数定义族类型的变化。
　　(9)保存新定义的族,然后将其载入新项目,观察它如何运行。

5.1.2　将族添加到项目中的步骤

　　(1)打开或开始创建一个项目。要将族添加到项目中,可以将其拖曳到文档窗口中,也可以使用"文件"菜单上的"从库中载入""载入族"命令将其载入。一旦族载入到项目中,载入的族会与项目一起保存。所有族将在项目浏览器中各自的构件类别下列出。执行项目时无需原始族文件。可以将原始族保存到常用的文件夹中。

　　(2)在"文件"菜单上,单击"从库中载入"–"载入族"。
　　(3)定位到族库或族的位置。

（4）选择族文件名,然后单击"打开"。

事实上,在前面房屋案例建模中,已经使用过将族添加到项目中,如将不同类型的梁、柱、门、窗等族添加到项目中。

族具有强大的功能,在使用 Revit 进行项目设计时,如果事先拥有大量的族文件,将对设计工作进程和效益有着很大的帮助。设计人员不必另外花时间去制作族文件,并赋予参数,而是直接导入相应的族文件,便可直接应用于项目中。另外,使用 Revit 族文件,可以让设计人员专注于发挥本身特长上。例如室内设计人员,并不需要把精力大量地花费到家具的三维建模中,而是通过直接导入 Revit 族中丰富的室内家具族库,从而专注于设计本身。又例如,建筑设计人员,可以通过轻松的导入植物族库、车辆族库等,来润色场景,只需要简单地修改参数,而不必自行去重新建模。

当然,用户也可以基于相关模型,创建项目需要的族类型并不断丰富族库。需要说明的是,族的创建是一个烦琐的过程,用户一般是使用系统已有的族类型,除非项目需要自建。下面将以典型图元为例讲解族的创建与编辑。

5.2　创建二维族

二维族主要指注释类型族、标题栏族、轮廓族、详图构件族等,不同类型的族由不同的族样板文件创建。可以单独使用,也可以作为嵌套族载入三维模型中使用。

5.2.1　创建注释类型族

注释类型族是 Revit 中非常重要的一种族。它可以自动提取模型中的相关参数值,自动创建构件标记注释。使用注释族模板,可以创建各种注释内族,如门标记、材质标记、轴网标记等。注释类型族是二维的族构件,分为标记和符号两种类型。

5.2.1.1　创建标记族

标记主要用于标注各种类别构件的不同属性,如门标记、窗标记等。以门标记为例,创建标记族方法如下:

（1）启动 Revit,在欢迎界面单击"族-新建",弹出"新族-选择族样板"对话框(见图 5-1)。

（2）双击"注释"文件夹,选择公制门标记.rft 文件作为族样板,单击打开按钮,进入族编辑器模式,如图 5-2 所示。该族样板中默认提供了两个正交参照平面,参照平面交点位置表示标签的定位位置。

（3）在创建-文字栏,单击标签按钮(Ａ),自动切换至"修改|放置标签"上下文选项卡,在格式面板中设置水平对齐和垂直对齐均为居中。

（4）点击默认出现的 3.0 mm 标签样式,进入编辑类型,通过复制,新建"门-标签-3.5 mm"类型标签,修改其类型参数:文字颜色改为蓝色,背景为透明;字体为仿宋,文字大小为 3.5 mm。其他参数不变。完成后点击"确定"按钮。

（5）点击选中"门-标签-3.5 mm",移动鼠标指针至参照平面交点位置后单击,弹出标签对话框(见图 5-3)。

图 5-1 新族-选择样板族对话框

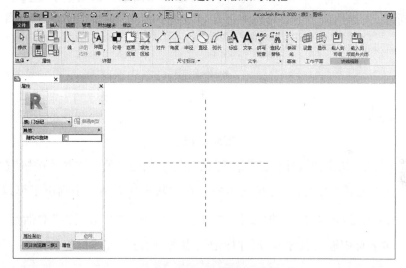

图 5-2 公制门族编辑器界面

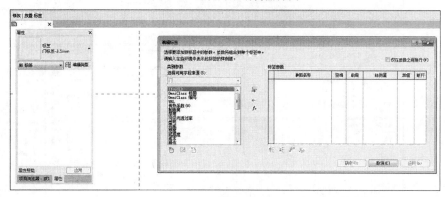

图 5-3 编辑标签对话框

（6）标签对话框左侧类别参数栏列出了门类别中所有默认可用的参数信息。选择"类型名称"参数，单击将参数添加到标签按钮（ ），将参数添加到右侧的标签参数栏中（见图 5-4）。其中的样例值用于设置在门标签族中显示的样例文字，在项目中应用该标签族时，该值会被项目中相关参数值代替。

图 5-4　添加标签参数对话框

（7）点击"确定"，将标签添加到视图中。如图 5-5 所示。退出上下文选项卡（ESC）。适当移动标签，使样例文字中心对齐垂直方向参照平面，底板稍高于水平参照平面。

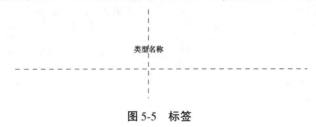

图 5-5　标签

（8）选中标签，切换到属性栏，点击"可见"，勾选；单击"关联族参数按钮"（"可见"右边" "），弹出关联参数对话框（见图 5-6）。在关联参数对话框中列出了可以关联的参数，如没有相关参数，可单击"添加参数"按钮（ ），弹出"参数属性"对话框，在参数属性对话框参数名称中输入名称为"尺寸标记"，点击"确定"，完成标签设置。

图 5-6　标签参数关联

(9)将新建的族保存为"自建-门标记族1",保存在相应位置。

(10)验证所创建族是否可用。打开房屋案例项目,进入 F1 楼层平面视图。在菜单栏单击"插入-载入族",在自建族保存文件夹选择所创建的"自建-门标记族1",点击"打开",则该族载入项目。在项目浏览器,族分支栏,找到注释符号(因为新建的族属于注释符号族),再找到其下的标记-门,选中,单击右键,创建实例,在 F1 楼层平面点选入户门,出现门类型标记(见图5-7),表明创建的"自建-门标记族1"可用。

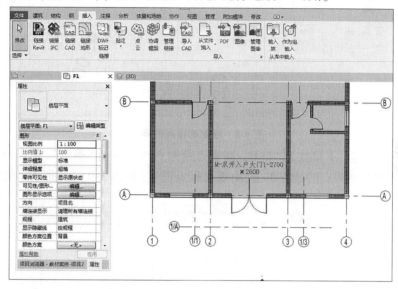

图 5-7　门标签参数应用

至此,该二维族创建完成。需要说明的是,上面只是以门标记为例,创建了一个二维标记族。事实上,系统可能自带有该类型的标记族,在项目中直接选用即可。此外,在创建该标记族过程中,该标签的名称为"类型名称",如何将其关联到相应族参数是关键。有些类型参数系统是自带的,有些参数可能需要自己创建,涉及"参数化"等,建议初学者在项目实践中查阅相关资料。

5.2.1.2　创建符号族

以创建高程点符号族为例,简单介绍创建符号族步骤。

(1)在欢迎界面单击"族-新建",弹出"新族-选择族样板"对话框;或者在项目,单击"文件-新建-族",弹出"新族-选择族样板"对话框。

(2)双击"注释"文件夹,选择"公制高程点符号.rft"文件作为族样板,单击"打开"按钮,进入族编辑器模式。

(3)单击"创建"选项卡中"详图"面板的"线"按钮( ),切换到"修改|放置线"上下文选项卡。点击"绘制-直线",绘制出高程点符号,如图5-8所示。注意:在"修改|放置线"上下文选项卡的"子类别"面板中设定子类别为"高程点符号"。

(4)将新建的高程点族另存为"自建-高程点符号族1"。

(5)验证所创建族是否可用。由于刚才是在项目中新建的族,可以直接将该族载入项目。切换到三维视图。单击"注释-高程点",进入高程点属性界面,单击"编辑类型",

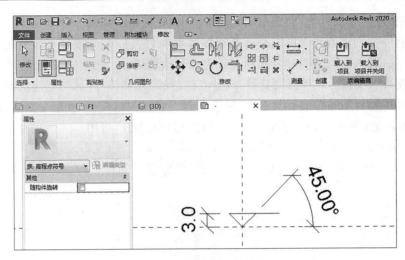

图 5-8　绘制高程点符号

在图形–符号选择框,下拉找到"自建–高程点符号族 1",点击"确定",单击放置尺寸标注,在所需要放置高程点的地方单击,出现高程点符号(见图 5-9),表面创建的"自建–高程点符号族 1"可用。

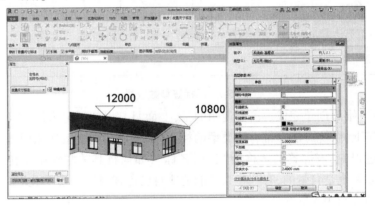

图 5-9　添加高程点注释

5.2.2　创建轮廓族

轮廓族包含一个二维闭合环形状,可以将闭合环载入项目中并应用于某些建筑图元。提前建好轮廓族,在放样、融合等建模时作为轮廓截面载入使用,可提升工作效率,而且能通过替换轮廓族随时更改截面形状。

Revit 系统自带 6 种轮廓族样板文件(见图 5-10)。本书以创建扶栏轮廓族为例说明轮廓族的创建步骤。

(1)在欢迎界面单击"族–新建",弹出"新族–选择族样板"对话框;或者在项目,单击"文件–新建–族",弹出"新族–选择族样板"对话框。

(2)选择"公制轮廓–扶栏.rft"文件作为族样板,单击"打开"按钮,进入族编辑器模式。

图 5-10　轮廓族样板文件

（3）在菜单栏点击"创建"，在上下文功能选项卡属性面板，点击"族类型"按钮（），弹出"族类型"对话框（见图 5-11）。

图 5-11　"族类型"对话框

（4）在"族类型"对话框，单击"新建参数"按钮（　　），弹出参数属性对话框（见图 5-12）。设置新参数名称为"直径"，完成后按"确定"按钮。

（5）在"族类型"对话框中直径栏后面的值框中输入参数为 60（此值为设定的默认值）。

（6）同样，再添加名称为"半径"的参数，其后的公式框输入"＝直径/2"（目的是与直径建立参数关系)。如图 5-13 所示,点击"确定"。

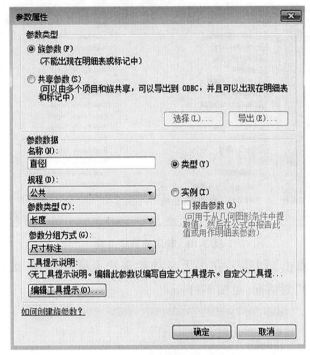

图 5-12 "参数属性"对话框

图 5-13 "族类型"对话框——添加参数

(7)单击"创建"选项卡中基准面板中的"参照平面"按钮,在"扶栏顶部"平面下方新建两个参照平面,与其距离分别为 30 mm、60 mm,利用"对齐"尺寸进行标注,如图 5-14所示。

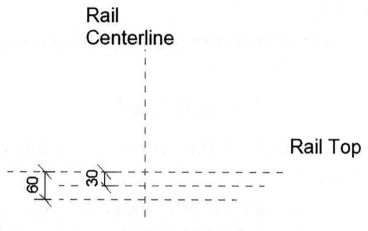

图 5-14 扶栏参照平面

(8) 选中标注为 60 的尺寸标注,在标签尺寸标注栏(见图 5-15),在"标签"下点击下拉框,从中选择"直径=60"的标签;同样,对标注为 30 的尺寸标注选择"半径=30"的标签。

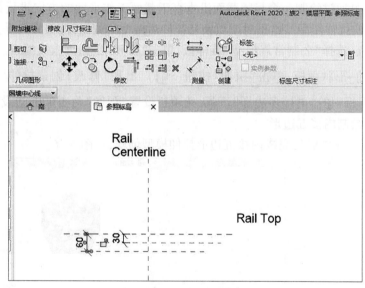

图 5-15 尺寸标签栏

(9) 单击"创建-详图"栏的"线"按钮,绘制直径 60 的圆,作为扶栏的截面轮廓。

(10) 锁定位置。选中所绘制的圆,点击其属性,在其属性面板中勾选"中心标记可见"复选框,此时圆的中心点显示圆心标记。选中圆中心点标记及其所在的参照平面,单击修改面板中的"锁定"按钮( ),将圆中心与参照平面锁定。

(11) 进行尺寸标注。取消属性面砖中"中心标记可见"复选框按钮。

(12) 保存所创建的族为"自建-轮廓(扶栏)族 1"。

至此,该扶栏轮廓族创建完毕。在项目里,创建栏杆项目时,可以载入该族,进行扶栏轮廓界面的替换、修改。

5.2.3 其他二维族

其他二维族,如标题栏族、详图构件族等,创建原理类似,都是基于相关族样板文件创建的。

5.3 创建三维族

三维族在建模过程中被广泛使用。使用三维族样板文件可以创建各种建筑模型族。

5.3.1 模型创建工具

创建模型族的工具主要有两种:一种是基于二维截面轮廓进行扫掠得到的模型,称为"实现模型";另一种是基于已建立模型的剪切而得到的模型,称为"空心形状"。这些工具主要在族、体量中出现(可用),在项目中并没有直接可用的相应工具。

主要工具分别介绍如下。

5.3.1.1 拉伸

"拉伸"工具通过绘制一个封闭截面沿垂直于截面工作平面的方向进行拉伸,精确控制拉伸后得到的拉伸模型。这里封闭截面是拉伸后模型的截面,拉伸方向垂直于横截面。

(1)新建族,选择"公制常规模型"族样板,单击"打开"按钮进入族编辑器模式。

(2)在创建–形状面板,单击"拉伸"按钮( ),出现"修改|创建拉伸"上下文选项卡,利用绘制面板中的"内接多边形"工具,选项栏设置"深度"为 1 000,边设置为 5,半径设置为 1 000,绘制内接五边形。

(3)点击模式栏"√",完成内接五边形拉伸模型创建,见图 5-16。

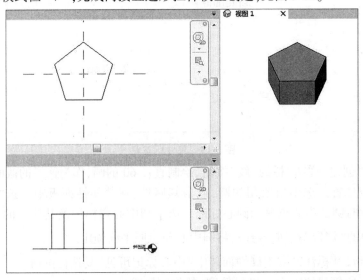

图 5-16 所创建的拉伸模型

说明:刚才创建截面轮廓时,是在楼层平面-参照标高,此为系统默认的截面轮廓创建工作平面,也是拉伸模型创建好后,载入项目时的定位平面。拉伸方向垂直于轮廓创建工作平面,为竖直方向,系统自带的柱族与此类似。此外,也可以点击"项目浏览器",选择立面视图(如左立面),进入左立面视图,在此视图绘制截面轮廓,则其拉伸方向为垂直于左立面,为水平方向,系统自带的梁族与此类似。

5.3.1.2 融合

融合命令用于对在两个平行平面上的形状(此形状也是断面)进行融合建模。与拉伸不同的是,拉伸的端面是相同的,且拉伸不能扭转;融合的两个断面可以是不同的,需要绘制两个断面轮廓。

(1)新建族,选择"公制常规模型"族样板,单击"打开"按钮进入族编辑器模式。

(2)在项目浏览器,选择楼层平面视图。在创建-形状面板,单击"融合"按钮,出现"修改|创建融合底部边界"上下文选项卡,利用绘制面板中的"内接多边形"工具,选项栏设置"深度"为1 000,边设置为5,半径设置为1 000,绘制内接五边形。

(3)单击"编辑顶部"按钮,出现"修改|创建融合顶部边界"上下文选项卡,利用绘制面板中的"圆"工具,绘制圆。

(4)点击模式栏"√",完成底面为五边形、顶面为圆的融合模型创建,如图5-17所示。

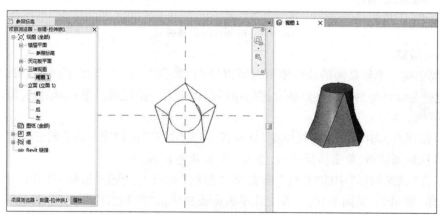

图 5-17 所创建的融合模型

同样,创建轮廓的工作平面可以选择立面等其他平面。

5.3.1.3 旋转

旋转是指围绕轴旋转某个形状而创建的形状。截面形状必须是闭合的。可以旋转形状一周或不到一周。如果轴与旋转造型接触,则产生一个实心几何图形,否则产生一个空心几何图形。

(1)新建族,选择"公制常规模型"族样板,单击"打开"按钮进入族编辑器模式。

(2)在项目浏览器,单击"立面视图",进入左立面视图。

(3)在"族编辑器"中的"创建"选项卡-"形状"面板上,单击"旋转"按钮(⊕)。出现"修改|创建旋转"选项卡。选取"绘制"面板,先点击"边界线"按钮,选择线绘制工

具,绘制需要旋转的截面形状。点击"轴线"按钮,绘制或选取轴线。

(4)在"属性"选项板上,更改旋转的属性:要修改旋转的几何图形的起点和终点,请输入新的"起始角度"和"结束角度";要设置实心旋转的可见性,请在"图形"下,单击"可见性/图形替换"对应的"编辑"。要按类别将材质应用于实心旋转,请在"材质和装饰"下单击"材质"字段,然后单击该字段以指定材质。

(5)在"模式"面板上,单击"√"(完成编辑模式)。如图 5-18 所示。

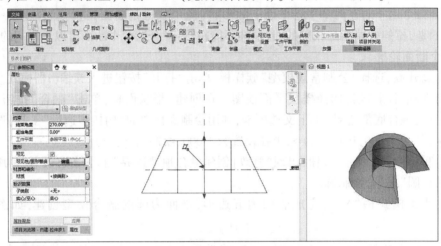

图 5-18　所创建的旋转模型

5.3.1.4　放样

需要创建一个等截面的线性模型时可以使用"放样"。该命令用于创建轮廓沿路径拉伸,也就是设计好的轮廓图形按规定的路径表现出来。路径可以是不封闭的,但轮廓必须是封闭的。

(1)新建族,选择"公制常规模型"族样板,单击"打开"按钮进入族编辑器模式。

(2)项目浏览器,单击楼层平面,进入参照标高平面视图。

(3)在"族编辑器"中的"创建"选项卡-"形状"面板上,单击"放样"按钮。出现"修改 | 放样"选项卡(见图 5-19)。在工作平面面板栏单击"绘制路径",出现"修改 | 放样-绘制路径"选项卡,选择相应的绘制工具绘制线,绘制所需要的放样路径,单击"√"完成路径绘制。

图 5-19　"修改 | 放样"选项卡

(4)在放样面板,单击"编辑轮廓"按钮,出现转到视图(指需要在那个视图绘制轮廓,选择左立面),则工作平面转换到左立面视图。在此平面视图,在绘制面板选用相应的绘制工具,绘制出轮廓边界。此处绘制一个内接六边形。

（5）在"模式"面板上，单击"√"，完成放样，如图 5-20 所示。

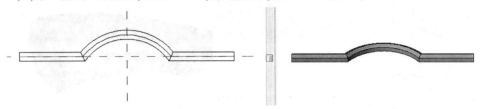

图 5-20　所创建的放样模型

5.3.1.5　放样融合

"放样融合"命令兼备了"放样"和"融合"两个命令的特性，可以沿放样路径创建具有两个不同轮廓截面的融合模型。

放样融合模型创建方法与放样、融合类似。先绘制放样路径，再绘制截面轮廓，在绘制截面轮廓时，需要分别绘制起点轮廓和终点轮廓。

（1）新建族，选择"公制常规模型"族样板，单击"打开"按钮进入族编辑器模式。

（2）项目浏览器，单击"楼层平面"，进入参照标高平面视图。

（3）在"族编辑器"中的"创建"选项卡-"形状"面板上，单击"放样融合"按钮。出现"修改 | 放样融合"选项卡。在放样融合面板点击"绘制路径"，出现出现"修改 | 放样融合–绘制路径"选项卡，选择相应的绘制工具绘制线，绘制所需要的放样路径，单击"√"完成路径绘制。路径的起点、终点及相应的轮廓截面工作平面（垂直于放样路径）如图 5-21 所示。

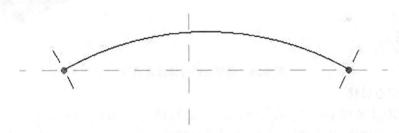

图 5-21　放样融合路径

（4）在放样融合面板，单击选择轮廓 1，单击"编辑轮廓"按钮（也可以通过载入轮廓等方式，前提是提前创建好轮廓截面），出现转到视图（指需要在那个视图绘制轮廓，选择左立面），则工作平面转换到左立面视图。在此平面视图，在绘制面板选用相应的绘制工具，绘制出轮廓边界。此处绘制一个矩形。在"模式"面板上，单击"√"，完成轮廓 1 的绘制。

（5）在放样融合面板，单击选择轮廓 2，单击"编辑轮廓"按钮，出现转到视图（指需要在那个视图绘制轮廓，选择右立面），则工作平面转换到右立面视图。在此平面视图，在绘制面板选用相应的绘制工具，绘制出轮廓边界。此处绘制一个圆形。单击"√"，完成轮廓 2 的绘制。

（6）在"模式"面板上，单击"√"，完成放样融合，如图 5-22 所示。

放样融合的路径只能是单条直线或曲线，而放样的路径可以是单条或多条连接在一起的线。放样路径的起点对应轮廓 1，终点对应轮廓 2。

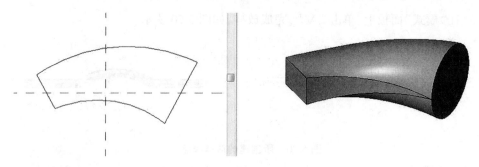

图 5-22　所创建的放样融合模型

对于复杂的轮廓截面,当轮廓 1 与轮廓 2 几何特征相差较大时,相应的关键点不对应,系统可能不能自动创建放样融合,或者所创建的放样融合并不是所需要的。如图 5-22 所示,在创建放样融合过程中,矩形的两个角点对应圆形的一个直径端点,自动相连,这是因为矩形有 4 个特征点,而圆只有 2 个特征点。如果在绘制轮廓 2 圆形时,使用拆分工具,将圆拆分成 4 段,此时圆有上、下、左、右 4 个特征点,系统在创建放样融合时,会自动将矩形的 4 个特征点与圆的 4 个特征点对应相连,效果如图 5-23 所示。

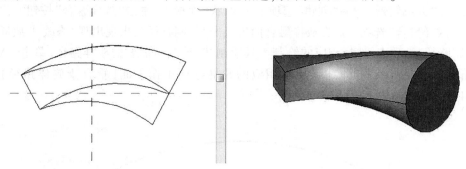

图 5-23　调整后的放样融合模型

5.3.1.6　空心形状

空心形状主要用来剪切实心形状,分为空心拉伸、空心放样、空心旋转、空心融合、空心放样融合,其创建方法同实心模型,此处不再赘述。图 5-24 为空心拉伸剪切实体模型。

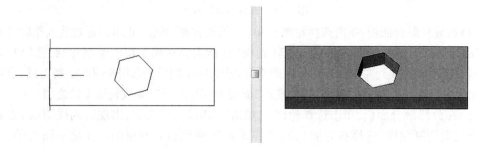

图 5-24　空心拉伸剪切实体模型

5.3.2　三维族创建案例

模型工具最终是用来创建模型族的,下面以两个案例介绍三维模型族的创建方法。

5.3.2.1 创建窗族

Revit 系统自带有部分窗族,窗族创建过程如下:

(1)新建族,选择"公制窗"族样板,单击"打开"按钮进入族编辑器模式。

(2)单击"创建"选项卡中的"工作平面"面板的"设置"按钮,在弹出的"工作平面"对话框中选择"拾取一个平面"选项,单击"确定"按钮,再选择墙体中心位置的参照平面作为工作平面,见图5-25。图5-25中为墙体平剖面图,中间虚线为墙体中心平面位置。

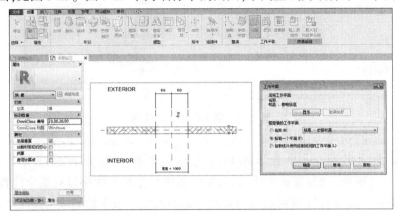

图 5-25 工作平面选取

(3)在随后弹出的"转到视图"对话框中,选择"立面:外部"并打开视图。

(4)在"创建"选项卡中的"参照平面"面板单击"参照平面"按钮,绘制一个参照平面并标注尺寸(见图5-26)。

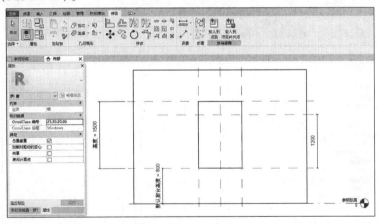

图 5-26 新建参照平面

(5)选中标注为1 200的尺寸标注,在选项栏的"标签"下拉列表中选择"添加参数"选项,打开参数属性对话框。确定参数类型为族参数,在参数数据中添加参数名称为"窗扇高",并设置其参数分组方式为"尺寸标注"(见图5-27),单击"确定"按钮完成参数的添加,则刚才的尺寸标注1 200变成"窗扇高=1 200"。

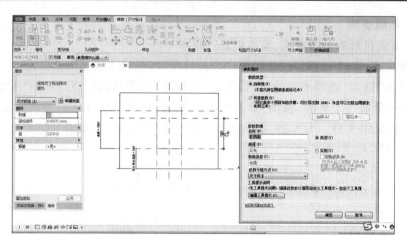

图 5-27　窗扇高度参数添加

（6）在"创建"选项卡中"形状"面板单击"拉伸"命令，选择矩形绘制工具，以洞口轮廓及参照平面为参照（可事先添加相应的参照平面），创建轮廓线并与洞口锁定（见图 5-28）。（说明：绘制完轮廓线后，会在轮廓线与参照平面相邻的某个位置出现未上锁的小锁图标，点击锁住完成轮廓线与参照平面的锁定。某个轮廓线与参照平面锁定，表示该轮廓线能跟随参照平面一起移动，这样在后面设置尺寸标注参数时，随尺寸的变化，该轮廓线位置能发生相应变化。）

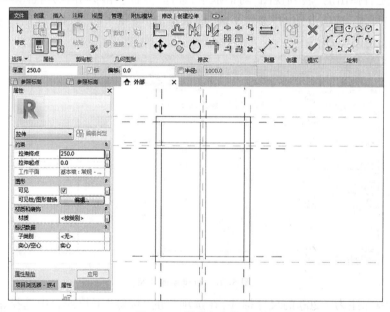

图 5-28　创建窗户轮廓

（7）尺寸标注。利用尺寸标注中的"对齐"工具，标注窗框尺寸。由于中间竖窗框和中上部横窗框对相应参照平面具有对称分布特性，在尺寸标注时增加 EQ 尺寸标注（见图 5-29），点击 EQ，当其上斜线取消后，标注的两部分即实现等分。尺寸标注见图 5-30。

（8）参数添加。选中窗框尺寸标注（由于窗框具有相同的尺寸，可以按 Ctrl 键选择多

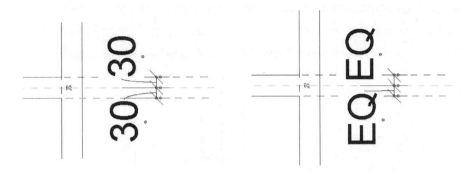

图 5-29　窗框尺寸等分标注

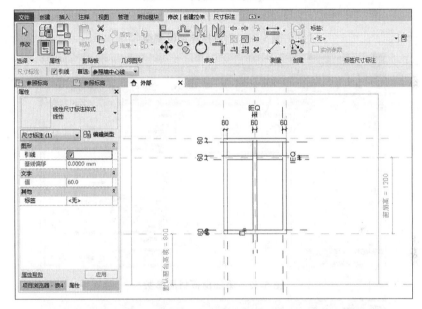

图 5-30　窗框尺寸标注

个），在选项栏的"标签"下拉列表中选择"添加参数"选项，打开参数属性对话框。确定参数类型为族参数，在参数数据中添加参数名称为"窗框宽"，并设置其参数分组方式为"尺寸标注"，单击"确定"按钮完成参数的添加，则刚才的尺寸标注 60 变成"窗框宽 = 60"。

（9）点击模式栏"√"，完成轮廓截面绘制。在窗框左侧属性面板设置"拉伸起点"为 -40，"拉伸起点"为 40.0°。单击"应用"按钮，完成窗框拉伸模型的创建（见图 5-31）。

（10）添加窗框材质参数。在属性面板，单击"材质"右侧的"关联族参数"按钮，打开关联族参数对话框，单击"添加参数"图标按钮，设置材质参数的名称、分组方式等，依次点击"确定"，完成材质参数的添加（见图 5-32）。（添加材质参数后，在后期使用中才能根据需要添加或变换不同的材质，因为此时材质已是一个参数。）

至此已完成窗框制作。

（11）窗扇制作。制作窗扇与制作窗框类似，只是截面轮廓、拉伸深度、尺寸参数、材质参数有所不同，见图 5-33。

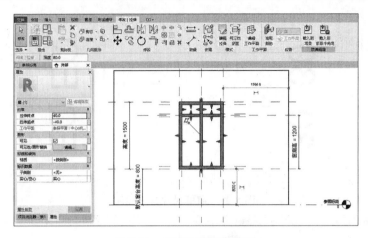

图 5-31　创建拉伸窗框模型

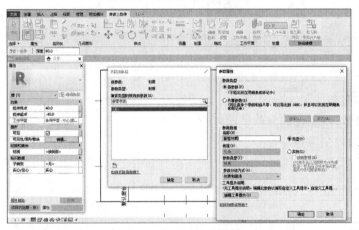

图 5-32　添加窗框材质参数

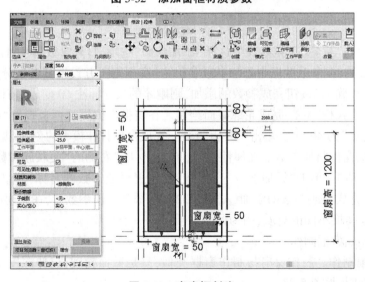

图 5-33　窗扇框创建

（12）玻璃创建。玻璃轮廓线与窗扇洞口边界锁定，方法同上。

（13）项目浏览器，选择楼层平面，进入"参照标高"平面视图。进行窗框厚度、窗扇厚度尺寸标注并添加相应参数，如图 5-34 所示。

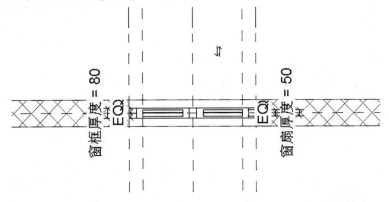

图 5-34　添加窗框、窗扇厚度参数

（14）模型测试。保存族为"自建–窗族 1"。打开或新建一个项目，创建墙体，在菜单栏点击"插入"，单击载入族，选择刚才保存的"自建–窗族 1"，在墙体合适位置放置窗族，放置完成后调整相关属性参数如窗框宽度、厚度等。如果刚才创建的窗族能正确放置且能调整相应参数，则创建的窗族模型可行。

5.3.2.2　创建 T 形梁族

创建一个如图 5-35 所示的 T 形梁族，要求其几何尺寸能进行参数化驱动。

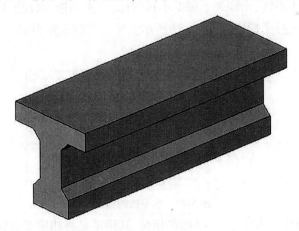

图 5-35　T 形梁

（1）新建族，选择"公制常规模型"族样板，单击"打开"按钮进入族编辑器模式。

（2）单击"创建"选项卡中的"工作平面"面板的"设置"按钮，在弹出的"工作平面"对话框中选择"拾取一个平面"选项，单击"确定"按钮，再选择左立面作为工作平面。

（3）为辅助定位，绘制相应的参照平面。由于 T 形梁具有对称特性，可利用 EQ 尺寸标注（以保证左右部分对称）。单击"创建–拉伸"，弹出"修改|创建拉伸"，在绘制面板选择线绘制工具，绘制 T 形梁的截面轮廓（见图 5-36）。

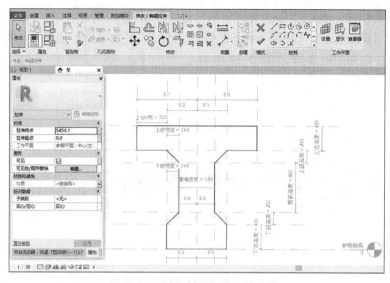

图 5-36　绘制 T 形梁截面轮廓

（4）锁定。图 5-36 所示的轮廓截面,如希望各边能随参照平面的移动而移动,以实现参数化驱动,因此需要将相关边及交点与参照平面锁定。利用"修改|创建拉伸"面板的对齐命令(![icon])进行锁定。根据边界线的实际情况,锁定分为两种:一种是水平线或竖直线的锁定,另一种是斜线的锁定。

水平线的锁定:先单击"对齐命令"按钮,选择水平线需要锁定到其上的参照平面,再选择将要被锁定的水平线,出现未上锁的小锁图标,点击小锁,出现上锁状态,表明该水平线已与该参照平面进行了锁定,如图 5-37 所示。竖直线的锁定类似。

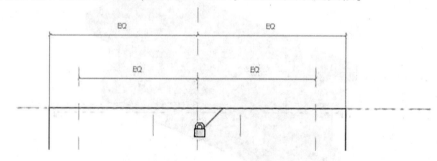

图 5-37　水平线的锁定

斜线的锁定:斜线与水平、竖直平面都相交,其锁定是将相应交点锁定到参照平面上。单击"对齐命令"按钮,选择交点所在的水平参照平面,再将鼠标移到斜线上靠近交点段,此时斜线交点会出现一个空心小圆圈,点击该小圆圈,则小圆圈变成实心点,表示该交点已经锁定到水平参照平面(见图 5-38);类似,将交点锁定到竖直参照平面。当交点锁定到水平、竖直参照平面后,参照平面改变位置,则交点随之改变。

用上述方法将图 5-36 中轮廓边锁定到相应参照平面。

注意:锁定过程中,可能会出现过多约束的情况,多余的约束会出现相互制约,必须删掉多余约束。

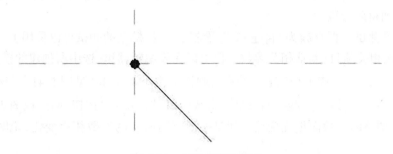

图 5-38　斜线交点的锁定

（5）添加标注参数。对 T 形梁横截面进行尺寸标注。注意标注时,是标注相应的参照平面。选中相应标注,在"修改|尺寸标注"上下文选项卡"标签尺寸和标注"面板,点击创建参数按钮,弹出参数属性对话框,设置参数名称等,点击"确定",则该标注与该参数建立关联。类似方法,建立其他标注参数,如图 5-39 所示。

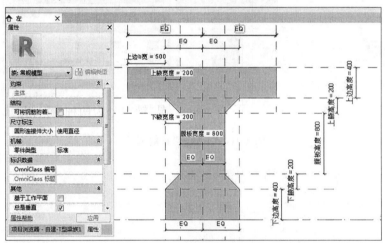

图 5-39　添加标注参数

（6）添加梁长参数。视图浏览器,点击进入楼层平面参照标高视图。先锁定梁左边边线与竖直线,再进行尺寸标注,添加标签参数,如图 5-40 所示。

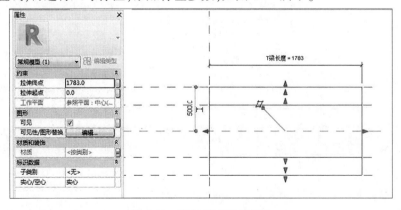

图 5-40　添加长度标签参数

（7）添加材质参数。

（8）模型测试。保存族为"自建-T形梁族1"。族模型的测试可以采用上述窗族的测试方法，载入相关项目，调整相关参数。也可以在族编辑器里，选中所创建的模型，点击上下文功能区"属性"-"族类型"按钮（ ），弹出族类型对话框（见图5-41）。该对话框列出了所创建的尺寸参数等，逐一调整尺寸参数的值，按"确定"按钮，回到视图观察模型是否随刚才所调整的参数而正确变化。如果模型能随所有的参数相应变化，说明所创建的模型可行。

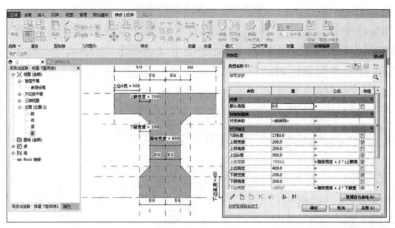

图 5-41 "T形梁"参数调整

6 体 量

6.1 体量介绍

体量是 Revit 提供的一种快速、灵活、概略建模工具。在建设项目的前期规划设计阶段,设计师往往会通过绘制二维草图或三维模型来构思设计想法,交流设计方案,但是这样的设计意图表达起来不够直观,缺乏灵活性。Revit 提供的体量工具可以为设计师提供概念设计的平台,使设计师们将头脑中复杂构造直观地、快速地展示出来,并且可以灵活地修改和调整。

当需要创建曲面、复杂性构件、快速创建体块时可以使用体量。在概念设计阶段,体量的主要作用有:概念体量模型可以帮助我们推敲建筑的形态;可以统计建筑楼层面积、占地面积等数据;概念体量模型表面可以创建墙、楼板、屋顶等对象;完成从概念设计阶段到方案、施工图设计转换;对概念体量的表面进行划分,配合使用"自适应构件"生成多种复杂的表面。

Revit 提供了两种体量创建方式:内建体量和体量族。其中,内建体量只能在项目中创建,其使用受到一定限制;体量族,与前面介绍的族类似,创建好以后可以载入项目中使用。

体量族与其他族相比,具有如下特点:

(1)体量族相比于标准族构件的创建要简单。其主要用于快速建立三维模型,进行概念上的构思和展示。

(2)创建体量族时,先创建基准参照,再通过体量族编辑功能创建模型,涉及的参数较少。

(3)可以很好地完善 Revit 在异形曲面构件建模方面存在的不足,通过对点、线、面图元的集成操作,可以生成任意复杂造型的构件模型。

6.2 体量设计工作流程

6.2.1 体量设计环境

体量设计环境是 Revit 为创建体量而开发的一个操作界面,在该界面中用户可以专门用来创建体量。

在 Revit 项目菜单栏,单击"体量和场地",弹出"概念体量"上下文选项卡面板,在此可以内建体量或放置体量。放置体量是载入提前建好的体量族。内建体量或新建体量族,其编辑(创建)界面如图 6-1 所示。

图 6-1　创建体量功能区选项卡

在体量设计环境,经常会遇到例如三维控件、三维标高、三维参照平面、三维工作平面、形状、放样、轮廓等,分别进行介绍。

6.2.1.1　三维控件

创建形状后,选中形状的表面、边或顶点后会出现三维操作控件。通过该操作控件,可以沿局部坐标或全局坐标系所定义的轴或平面进行拖曳,从而直接操纵形状。如图 6-2、图 6-3 所示。三维控件与拖曳对象位置对照见表 6-1 。

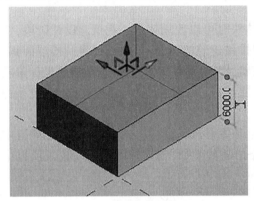

图 6-2　面上的三维控件

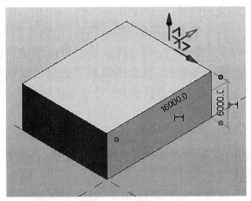

图 6-3　线上的三维控件

表 6-1　三维控件中箭头与平面控件

使用的控件	拖曳对象的位置
蓝色箭头	沿全局 Z 轴(上、下)
红色箭头	沿全局 Y 轴(东、西)
绿色箭头	沿全局 X 轴(北、南)
红色平面控件	在 Y 平面中
绿色平面控件	在 X 平面中
橙色箭头	沿局部坐标轴
橙色平面控件	在局部平面中

注:在"概念设计环境"中,可以按空格键在全局坐标系和局部坐标系之间切换此方向。

6.2.1.2　三维标高

三维标高是三维视图下的一个有限水平面,其充当以标高为主体的形状和点的参照。当光标移动到绘图区域中三维标高上方时,三维标高会显示出来(见图 6-4)。三维标高仅存在于体量族设计环境,在项目内建体量中不会存在。

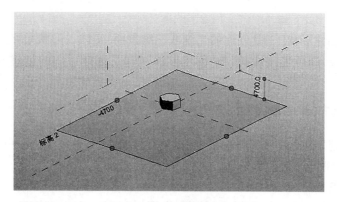

图 6-4　三维标高

6.2.1.3　三维参照平面

参照平面在平面视图中显示为线,在三维视图中显示为三维参照平面(见图 6-5)。这些参照平面可以设置为工作平面。

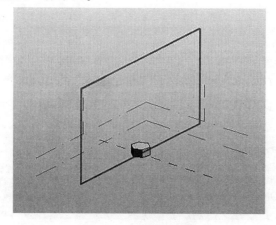

图 6-5　三维参照平面

6.2.1.4　三维工作平面

当光标移到工作平面时,在三维视图下会显示为三维工作平面,如图 6-6 为标高 1 的三维工作平面。

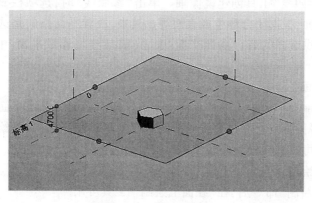

图 6-6　三维工作平面

6.2.1.5 形状

形状指由"创建形状"工具创建的二维或三维表面/实体。形状始终是通过这样的过程创建的:绘制线,选择线,然后单击"创建形状"按钮,选择可用的创建方式。形状是组成体量的单元。

6.2.2 形状截面的绘制参照

在体量"创建"选项卡"绘制"面板中,提供有参照点、参照线、参照平面、在面上绘制、在工作平面上绘制等绘制参照工具。

6.2.2.1 参照点

"参照点"工具在"绘制"面板中,单击"点图元"按钮,十字光标显示预览的参照点,此时可以将点放置在选项栏设置的放置平面上,如图 6-7 所示。参照点的作用是可以作为参照平面定位点、平面曲线或空间曲线的连接点等。要在平面上绘制参照点,需要点击激活"在工作平面上绘制"工具;要在空间中绘制参照点,需要点击激活"在面上绘制"工具。

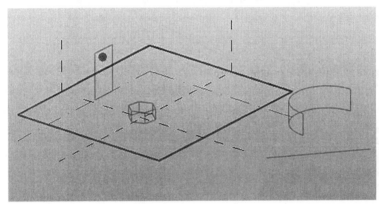

图 6-7　参照点绘制

6.2.2.2 参照线

"参照线"工具创建参照线,用来作为创建体量时的限制条件,如要镜像模型线或模型时,可以使用"参照线"工具创建镜像轴。单击"参照线"时,选项栏显示参照线的放置选项,包括放置平面、根据闭合环生成表面等。其中,放置平面指的是选择将要在哪个平面绘制参照线,可供选择的有:"参照平面:中心(前/后)""参照平面:中心(左/右)""标高""拾取"等。

6.2.2.3 参照平面

可以使用"绘制"面板的"平面"工具绘制用作截面平面的参照平面。在 Revit 中,参照平面是与工作平面垂直且经过直线的平面。要创建参照平面,只需绘制参照平面上的直线即可,当然也可以选择模型边线作为参照平面的直线。

6.2.2.4 在面上绘制

当执行"曲线绘制"命令后,在"面上绘制"工具可用。

6.2.2.5　在工作平面上绘制

"在工作平面上绘制"工具仅在选择或拾取的工作平面上绘制图形。工作平面包括默认的三个参照平面,以及可拾取的模型平面、新标高等。

6.2.2.6　创建三维标高

Revit 中除楼层标高外,还可以创建参照标高,如窗台标高。

三维标高创建方法:

(1)在"创建"选项卡的"基准"面板,单击"标高"按钮,切换到"修改|放置标高"上下文选项卡。

(2)在图形区手动连续放置标高。

(3)放置标高后单击选中,可以修改标高的偏移量。也可以在放置标高时,直接利用键盘输入偏移量,精确控制标高的位置。

此外,还可以利用复制命令复制相关标高。

6.2.3　体量设计步骤

体量设计的基本步骤如下:

(1)绘制形状轮廓。如圆、矩形、线等。

(2)创建形状。绘制好轮廓或者路径之后,选择创建好的轮廓和路径,使用"创建形状"命令,系统自动判断列出有可能创建的形状,供选择或直接生成形状。

(3)编辑形状。可以借助三维控件工具,根据需要对形状进行编辑、修改。

(4)表面处理。对形状的表面根据需要进行表面分割及填充。

(5)体量研究。可以将体量模型引入到项目文件中,并对其进行修改,如生成幕墙系统、楼板、墙体等;可以生成体量楼层,然后对体量模型进行楼层面积、外表面积、体积等分析。

6.3　创建体量

体量形状包括实心形状和空心形状。两种类型的形状创建方法一样,只是所表现的形状特征不一样。"创建形状"工具将自动分析所拾取的草图(轮廓),通过拾取草图的形态可以生成拉伸、旋转、扫掠、融合等多种形态的对象。例如,当选择两个位于平行平面的封闭轮廓时,系统将以这两个轮廓为端面,以融合的方式创建模型。注意与族里创建工具的区别与联系。

6.3.1　创建体量形状

6.3.1.1　拉伸

(1)拉伸模型:单一截面轮廓(闭合)。

当绘制的截面曲线为单个工作平面上的闭合轮廓时,Revit 将自动识别轮廓并创建拉伸模型,如图 6-8 所示。

(2)拉伸曲线:单一截面轮廓(开放)。

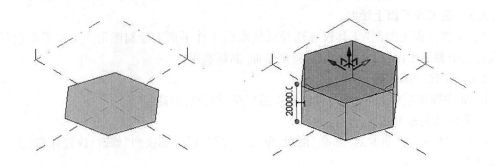

图 6-8　创建拉伸形状

当绘制的截面曲线为单个工作平面上的开放轮廓时,Revit 将自动识别轮廓并创建拉伸曲面,如图 6-9 所示。

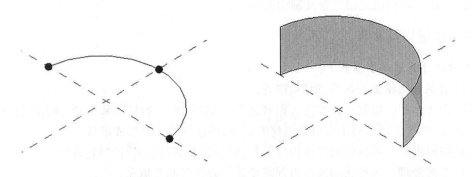

图 6-9　创建拉伸曲面

6.3.1.2　旋转

如果在同一工作平面上绘制一条直线和一个封闭轮廓,系统将会自动创建旋转模型。如果绘制一条直线和一个开放轮廓,将会创建旋转曲面。绘制完轮廓和直线后,按 Ctrl 键同时选择轮廓和直线,单击“创建形状”命令,选择实心(或空心),系统自动创建旋转形状。

6.3.1.3　放样

在单一工作平面上绘制路径和截面轮廓,系统将会自动创建放样。截面轮廓闭合时,将创建放样模型,截面轮廓为开放轮廓时,将创建放样曲面。此外,在多个平行的工作面上绘制开放或闭合轮廓,也将创建放样模型或曲面。

(1)在工作平面上绘制路径。

(2)在路径曲线上创建参照点。

(3)选中参照点将显示与路径垂直的工作平面(见图 6-10)。

(4)在参照点位置的工作平面上绘制闭合轮廓(见图 6-11)。

(5)按住 Ctrl 键,同时选择路径及轮廓。

(6)单击“创建形状”命令,选择实心,系统自动创建放样(见图 6-12)。

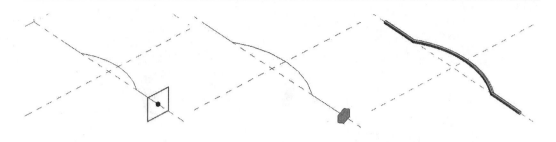

图 6-10　参照点　　　　　　图 6-11　绘制轮廓　　　　　　图 6-12　创建放样

6.3.1.4　放样融合

当在不平行的多个工作平面上绘制相同或不同的轮廓时,系统将会自动创建放样融合。闭合轮廓将创建放样融合模型,开放轮廓将创建放样融合曲面。

(1)在"标高 1"平面上任意绘制一段圆弧,作为放样融合的路径参考。

(2)在路径曲线上创建 3 个参照点。注意参照点的主体选择圆弧线,只有这样当选中参照点时,系统会自动提供垂直于线的工作平面。如果选中参照点,出现的工作面不垂直于线,则点击"拾取新主体"命令按钮,在线上重新放置参照点。

(3)选中参照点将显示与路径垂直的工作平面(见图 6-13)。

(4)在 3 个参照点位置的工作平面上绘制闭合轮廓(见图 6-14)。

(5)按住 Ctrl 键,选择路径及按顺序选择轮廓。

(6)单击"创建形状"命令,选择实心,系统自动创建放样(见图 6-15)。

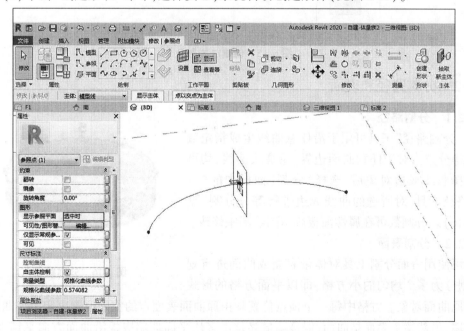

图 6-13　在路径上放置参照点

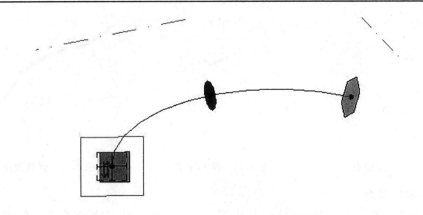

图 6-14　在参照点工作平面上创建闭合轮廓

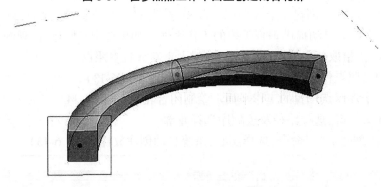

图 6-15　创建放样融合

6.3.2　分割路径和表面

6.3.2.1　分割路径

　　"分割路径"工具可用于沿任意曲线生成指定数量的等分点。对于任意曲面边界、轮廓或曲线,均可在选择曲线或边对象后,选择"分割"面板中的"分割"路径工具,对所选的曲线或边进行等分分割(见图 6-16)。分割数可在属性面板或草图绘图中修改。

6.3.2.2　分割表面

　　可使用表面分割工具对体量表面或曲面进行划分,划分为多个均匀的小方格,即以平面方格的形式

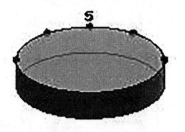

图 6-16　分割路径

代替原曲面对象。方格中每一个顶点位置均由原曲面表面点的空间位置决定。如曲面建筑幕墙,虽然整个表面是曲面,但幕墙最终是由多块平面玻璃嵌板沿曲面方向平铺而成,要得到每块玻璃嵌板的具体形状和位置,必须先对曲面进行划分才能得到正确的加工尺寸,这在 Revit 中称为"有理化曲面"。

　　选择体量上任意面,单击"分割"面板下的"分割表面"按钮,表面将通过 UV 网格(表

面的自然网格分割）进行分割所选表面,如图 6-17 所示。

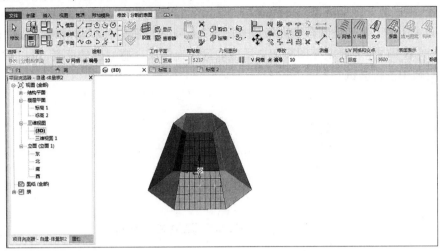

图 6-17 分割表面

分割表面后会自动切换到"修改|分割的表面"上下文选项卡,用于编辑、修改 UV 网格。

说明:UV 网格是用于非平面表面的坐标绘图网格。

6.3.3 表面填充图案

为得到理想的建筑外观效果,模型表面被分割后,可以为其添加填充图案。填充图案的方式分为自动填充图案和自适应填充图案。

自动填充图案通过修改被分割表面的填充图案属性来完成。选中被分割的表面,切换到属性面板,默认情况下,填充图案为"无填充图案"。展开图案列表,选择"菱形棋盘",则系统自动对所选的 UV 网格面进行填充,如图 6-18 所示。

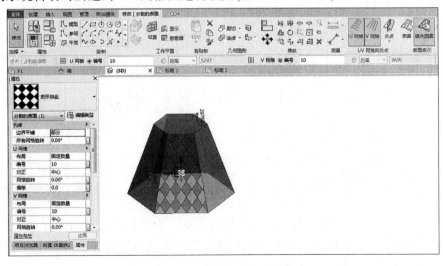

图 6-18 表面自动填充图案

　　自适应表面填充图案允许用户指定填充图案沿表面网格的顶点位置,并根据选定的顶点位置,生成填充图案模型。

　　Revit 提供了"基于公制幕墙嵌板填充图案. rft"和"自适应公制常规模型. rft"两种族样板,分别用于创建表面填充图案和自适应表面填充图案。感兴趣的读者,可以查阅相关资料在实践中进行尝试。

7　场地建模

Revit 提供了多种工具,用以绘制一个地形表面,添加建筑红线、建筑地坪以及停车场和场地构件。可以为这一场地设计创建三维视图或对其进行渲染,以提供更真实的演示效果。

7.1　项目地理位置

创建项目时,可以使用城市街道、经纬度等来指定项目地理位置。项目地理位置对后续日光研究、漫游和渲染有一定影响。Revit 提供了可定义项目地理位置、项目坐标和项目位置的工具。

单击功能区"管理"选项卡中"项目位置"面板的"地点"按钮,弹出"位置、气候和场地"对话框,如图 7-1 所示。

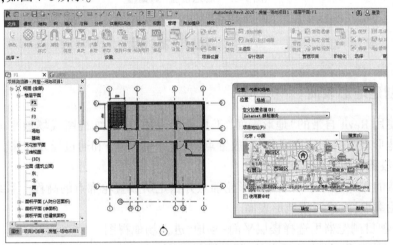

图 7-1　"位置、气候和场地"对话框

在"项目位置"面板,还有"坐标""位置"等,用户可以根据需要进行设置。

7.2　场地设置

在功能区"体量和场地"选项卡的"场地建模"面板中单击"场地设置"按钮(↘),弹出"场地设置"对话框,如图 7-2 所示。在此对话框,可以设置等高线间隔值、经过高程、添加自定义等高线、剖面填充样式、基础土层高程、角度显示等项目场地属性。

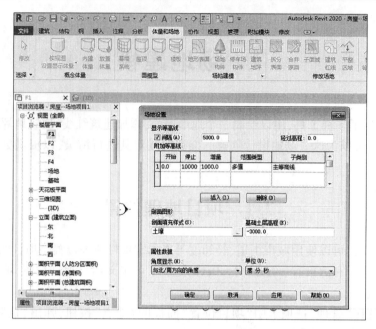

图 7-2　"场地设置"对话框

7.3　地形表面

7.3.1　创建地形表面

可以使用 Revit 自带的"地形表面"工具地形表面,在三维视图或场地平面中创建地形表面。地形表面的创建方式包括:放置点(设置点的高程)和通过导入创建。

7.3.1.1　放置高程点创建地形表面

放置点的方式允许手动放置地形轮廓点并指定所放置轮廓点的高程。系统将根据指定的地形轮廓点,生成三维地形表面。

(1)在项目浏览器里选择楼层平面-场地,进入场地视图。

(2)在"体量和场地"选项卡的"场地建模"面板中单击"地形表面"按钮,然后在场地平面视图中放置几个点,作为整个地形的轮廓,轮廓点的高程设为0,如图7-3所示。

(3)继续在轮廓点围城区域放置一个或多个点,这些点是地形区域内的高程点,其高程根据需要进行设置。

(4)在项目浏览器中切换到三维视图,可以看到创建的地形表面(见图7-4)。

7.3.1.2　导入创建地形表面

根据文件格式的不同,导入法创建地形表面有两种不同的方式:导入三维高程点数据文件和导入测量点文件。

(1)导入三维高程点数据文件。导入 AutoCAD 生成的 DWG、DFX 或 DGN 格式的三维高程点数据文件,建立复杂地形表面。

①进入场地视图平面。

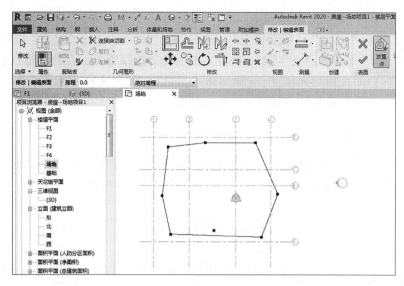

图 7-3　放置场地高程点

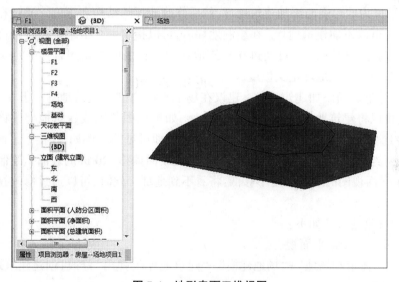

图 7-4　地形表面三维视图

②在"插入"选项卡的"导入"面板按钮中,单击"导入 CAD"按钮,选择事先保存好的等高线图纸文件。系统自动导入等高线。

③点击"地形表面"按钮,激活"修改|编辑表面"上下文选项卡。

④在"工具"面板单击"通过导入创建"-"选择导入实例",然后在图形区窗口选中刚才导入的 CAD 图形,弹出"从所选图形添加点"对话框,并勾选相应的复选框,单击"确定"按钮,自动生成一系列的高程点。

⑤点击 "√"完成。

⑥单击"体量和场地"-"场地建模"-"场地设置",进入场地设置对话框,根据需要修改相关属性。

(2)导入测量点文件。根据测量仪器记录的测量点 X、Y、Z 值创建地形表面。可导入的文件类型为 CSV 文件及 txt 文件。

①单击"体量和场地"-"地形表面"-"通过导入创建"-"指定点文件",弹出"选择文件"对话框,选择"逗号分割文本"(txt 文件),然后浏览选择事先保存的测量点 txt 文件。

②单击"打开"按钮导入该文件,弹出格式对话框,设置文件中的单位为"米",单击"确定",Revit 自动生成地形表面高程点及高程线。

7.3.2　修改场地

在"体量和场地"-"修改场地"选项卡面板,可以选择拆分表面、合并表面、子面域等命令,对所创建的场地地形表面进行修改。具体用法不再进行介绍。

7.4　建筑地坪

Revit 创建的地形表面没有厚度,在进行建筑模型建立时,通过绘制建筑地坪,从而在三维模型中,形成厚度,方便建立室外空间变化。

Revit 可以为地形表面添加建筑地坪,然后修改地坪的结构和深度。通过在地形表面绘制闭合环,可以添加建筑地坪。在绘制地坪后,可以指定一个值来控制其距标高的高度偏移,还可以指定其他属性。可通过在建筑地坪的周长之内绘制闭合环来定义地坪中的洞口,还可以为该建筑地坪定义坡度。

只能为地形表面添加建筑地坪,建议在场地平面内创建建筑地坪。但是,在楼层平面视图中,可以将建筑地坪添加到地形表面中。如果视图范围或建筑地坪偏移都没有经过相应的调整,则楼层平面视图中的地坪是不会立即可见的。例如,在楼层平面视图中高程为 10 m 处绘制一个地形表面。然后,在相对此表面偏移 -20 m 的表面上绘制一个建筑地坪。如果平面视图的视图深度不够低,将看不到地坪。此时,可以通过修改视图范围来进行调整。

建筑地坪创建方法如下:

(1)打开一个场地平面视图。

(2)单击"体量和场地"-"场地建模"-"建筑地坪",弹出"修改 | 创建建筑地坪边界"对话框(见图 7-5)。

(3)使用绘制工具绘制闭合环形式的建筑地坪。

(4)在"属性"选项板中,根据需要设置"相对标高"和其他建筑地坪属性。图 7-4 所示地形表面所创建的建筑地坪(地坪标高为相对 F1 标高网上 500 mm)三维效果如图 7-6 所示。

建筑地坪创建完成后,可以根据需要对其进行修改。选中建筑地坪并双击鼠标,进入"修改 | 编辑边界",可调整边界、设置边界坡度等,并可在类型属性编辑界面设置地坪结构材质等。

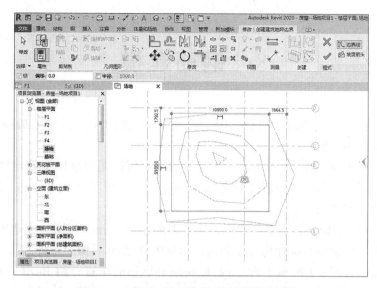

图 7-5 "修改 | 创建建筑地坪边界"对话框

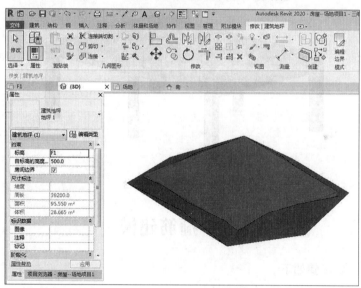

图 7-6 建筑地坪三维视图

7.5 其他构件

可在场地平面中放置场地构件及停车场构件。场地构件包含一些专用构件,如树、电线杆和消防栓等。在"体量和场地"-"场地建模",单击"场地构件"或"停车场构件",将插入相应构件,此类构件为系统自带或提前创建好的族。

8　钢筋建模

　　Revit 提供了用于为混凝土梁、柱、板、墙等钢筋建模的工具。混凝土结构的钢筋建模主要为布置箍筋和纵筋。

　　在实际工程中，有单位和个人开发了部分 Revit 插件，用以辅助钢筋建模，有效解决了 Revit 自身钢筋建模效率不高的问题，如 Autodesk 公司开发的 Revit Extension 插件、向日葵结构 BIM 设计插件等。

　　需要说明的是，Revit 自带钢筋建模方法是无法在"非剖面"视图中创建钢筋实体的，每个需要配置实体钢筋的构件均需要创建剖面视图，在剖面视图中布置钢筋。

　　本章主要结合图 8-1 所示平台结构，以箍筋和纵筋的布置介绍 Revit 中钢筋建模方法，其余的弯起钢筋、吊筋、异形钢筋等的建模方法与箍筋和纵筋的建模方法相同。

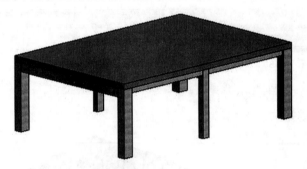

图 8-1　钢筋混凝土平台

8.1　箍筋建模

　　箍筋建模主要步骤如下。

8.1.1　创建剖面视图

　　在菜单栏点击"视图"，在"创建"面板，点击"剖面"按钮，出现"修改 | 剖面"，在标高 2 视图平面需要创建剖面视图的位置放置剖面符号，如图 8-2 所示。完成剖面 1 视图的创建后，在项目浏览器出现剖面视图，点击剖面 1，出现剖面 1 视图，如图 8-3 所示。在剖面 1 视图中，可以通过拖曳剖面框四边上的圆点，调整剖面框的大小，进而控制剖面视图范围。

　　注意：以上创建的剖面是竖直向剖切，Revit 无法直接创建水平向剖切。如要为柱配置钢筋，必须创建柱的水平向剖切面。

　　可以通过旋转剖面的办法创建水平向剖面。图 8-3 中剖面 1 为竖直向剖面，从中可以看到柱的竖向投影面，在此剖面视图基础上，沿柱建立如图 8-4 所示的纵向剖面 2，此剖面 2 是纵向剖切柱。选中剖面 2 视图符号，出现"修改 | 视图"面板，点击"修改"区旋转图

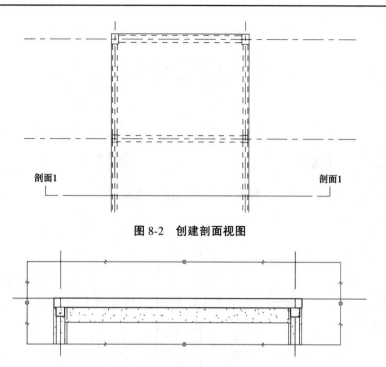

图 8-2　创建剖面视图

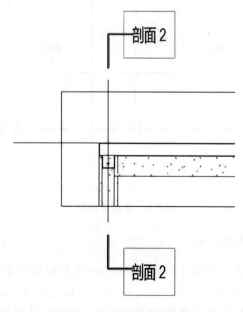

图 8-3　剖面 1 视图

标按钮,将剖面 2 符号旋转 90°,得到图 8-5 所示的水平向剖面视图。完成旋转后,在项目浏览剖面视图点击剖面 2,出现剖面 2 视图,如图 8-6 所示。在剖面视图 2 中可以看到柱的水平剖切面。

剖面 2

剖面 2

图 8-4　竖直向剖面 2 视图

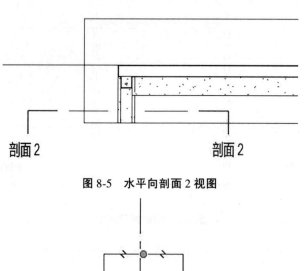

图 8-5　水平向剖面 2 视图

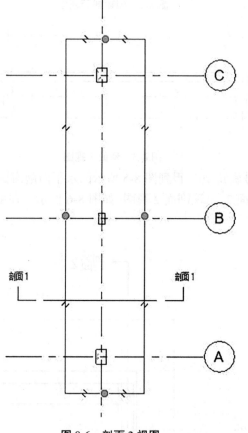

图 8-6　剖面 2 视图

8.1.2　选择箍筋形状及直径

先为梁配置箍筋。进入剖面 1 视图,选中要配置箍筋的梁剖面,出现"修改|结构框架"面板,在钢筋栏,点击钢筋符号按钮,出现"修改|放置钢筋"面板,如图 8-7 所示。在选项栏出现"钢筋形状"下拉选择按钮及"启动/关闭钢筋形状浏览器"省略号按钮(⋯),通过此按钮可以浏览钢筋形状并根据需要进行选择(如果是初次创建项目,有可

能需要先载入系统自带钢筋族)。本案例选择钢筋形状33作为梁的箍筋(见图8-8)。箍筋形状选择后,在属性栏选择直径为10的HPB300钢筋。

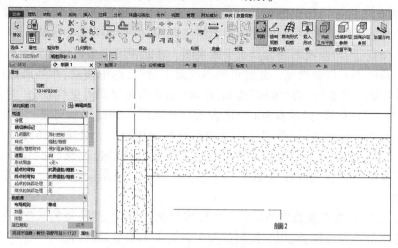

图 8-7　剖面 2 视图

8.1.3　布置箍筋

选择合适的钢筋后,在"修改|放置钢筋"面板,"放置方向"功能选项区选择"平行于工作平面",随后点选构件,即可将箍筋布置在梁构件中(见图8-9)。此时,箍筋可设置为单根(系统默认)。说明:图8-9中,因梁、板构件现浇,梁上部与板相连,在布置梁箍筋时,箍筋上部深入板中,实际工程中可以根据需要进行调整。

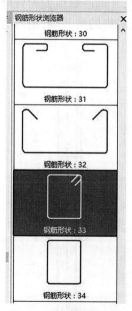

图 8-8　选择钢筋形状

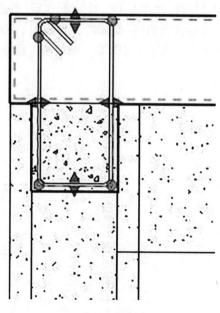

图 8-9　放置箍筋

8.1.4　设置箍筋间距

一般情况下,根据构件中的箍筋间距不同,分为"箍筋加密区"和"箍筋非加密区"。箍筋间距及加密区的设置,在剖面视图中无法实现,需在平面视图进行操作。

从项目浏览器,切换视图到标高 2 平面视图。在此视图平面可以看到梁的平面图,但刚才放置的箍筋不一定看得见。此时可回到剖面 1 视图,选中箍筋,在其属性栏点击"图形"-"视图可见性状态"旁的"编辑"按钮,出现"钢筋图元视图可见性状态"对话框,在其中勾选"结构平面-标高 2"选择框(勾选表示在此视图中钢筋形状可见),点击"确定"。重新回到标高 2 平面视图,发现刚才放置的箍筋在剖切面上。选中箍筋,在"修改|结构钢筋"面板,"钢筋集"栏选项区,点击"布局"右边的下拉按钮,选择"最小净间距",并在出现的间距框里设置钢筋间距为 100 mm。此时,箍筋会根据设定间距均匀布满整个梁(见图 8-10)。

可以拖曳图 8-10 中箍筋集两端的三角形控制柄,以调整钢筋集的长度(布置范围)。而钢筋集末端的选择方框,则用于控制是否在钢筋集末端布置钢筋。

8.1.5　调整创建加密区与非加密区箍筋

一般情况下,梁端箍筋间距较小,为加密区;梁中间箍筋间距相比之下可以大些,为非加密区。

在图 8-9 所创建的均匀间距箍筋中,取消勾选两端的钢筋集末端控制方框(目的是使箍筋集两端离开梁的端部,进行端部分离,以便于尺寸标注控制)。拖动钢筋集控制柄,缩短钢筋集长度,如图 8-11 所示。随后使用"对齐尺寸标注",对钢筋集端部与梁端部进行尺寸标注,见图 8-12。完成标注后,点选钢筋集,此时尺寸标注数值变为可修改状态,点击尺寸标注数值进行修改,将其改为 1 000。随后拖动钢筋集的另一端,使其与梁端重合,见图 8-13。至此,完成梁一端加密区箍筋的布置。

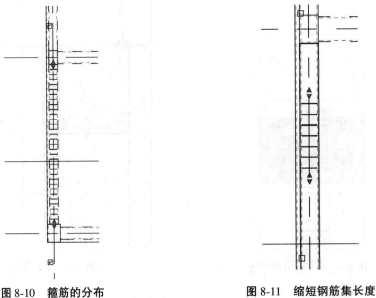

图 8-10　箍筋的分布　　　　　　　图 8-11　缩短钢筋集长度

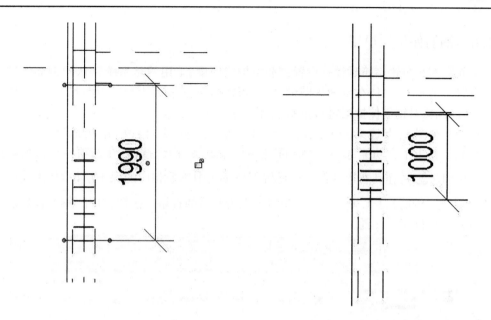

图 8-12 钢筋集端部对齐尺寸标注   图 8-13 拖动钢筋集端部

通过复制命令,创建梁另一端加密区箍筋,如图 8-14 所示。

同样,通过复制已布置的箍筋,创建非加密区的钢筋。注意,复制时要取消勾选钢筋集末端方框(避免加密区与非加密区在重合的端部重复布置箍筋)。调整非加密区箍筋间距为 200 mm,拖动非加密区钢筋集两端,使其分别于两端加密区钢筋集重合,完成非加密区箍筋的布置,如图 8-15 所示。

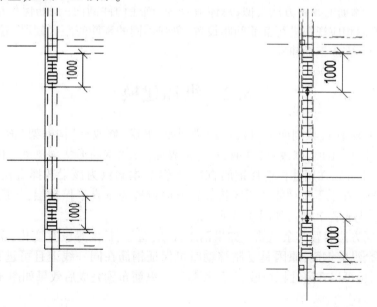

图 8-14 复制创建梁另一端加密区箍筋   图 8-15 非加密区箍筋布置

删除不必要的"尺寸标注",即完成单根梁箍筋的布置。

8.1.6　钢筋保护层设置

上面案例在布置箍筋时没有设置钢筋保护层厚度,采用的是系统默认的钢筋保护层厚度设置。事实上,可以在剖面视图创建后,布置箍筋前进行钢筋保护层设置。也可以在箍筋布置好后,对钢筋保护层进行重新设置。

在剖面视图 1,点选梁剖面,点击菜单栏"结构",出现"修改 | 结构框架"面板(见图 8-16),点击上下文功能选项区"钢筋"栏的"保护层"命令按钮,在选项栏点击拾取图元图标按钮(），在其右边的保护层设置下拉按钮中选择相应的保护层设置,本案例梁选择"(梁、柱、钢筋),≥C30,<20 mm",也可点击其后的省略号按钮,打开"钢筋保护层设置"对话框,进行相关设置。

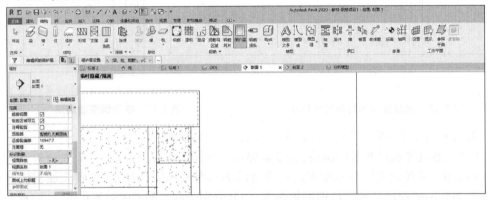

图 8-16　钢筋保护层设置

其他构件箍筋的布置方法类似,总体流程为:创建构件剖面-钢筋保护层设置-布置单根钢筋-返回相应视图进行箍筋间距设置-创建不同的箍筋间距区间段-控制不同区段的钢筋集长度-完成钢筋建模。

8.2　纵筋建模

进入剖面视图 1(梁剖面视图),点选梁剖面,出现"修改 | 结构框架"面板,在钢筋栏点击"钢筋"按钮,出现"修改 | 放置钢筋"建模界面。在"钢筋形状浏览器"中选择直线形钢筋(钢筋形状 1),在属性栏选择钢筋直径和等级,本案例为该梁选择直径为 20 mm 的HRB335 钢筋。在上下文功能选项区将放置方向设置为垂直于保护层,然后在梁剖面放置钢筋(一般先放置单根),如图 8-17 所示。

采用相同方法布置其余纵筋。如果钢筋直径、型号、长度等没有变化,建议采用复制命令创建其余纵向钢筋,原因是复制移动时可保证钢筋在同一线上且可进行距离控制。当然,复制后也可以在属性栏修改直径、型号等。纵筋布置完成后效果如图 8-18 所示。

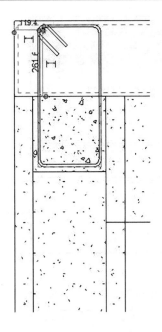

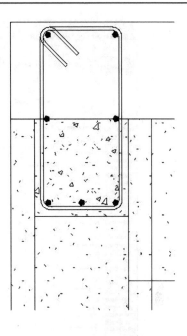

图 8-17　布置单根纵筋　　　　　　　　图 8-18　梁纵筋布置

其他构件纵筋布置方法类似。总之,无论对何种构件进行实体配筋建模,首根钢筋的布置均在剖面视图,平面视图主要用于调整钢筋位置。

8.3　分布筋建模

楼板、剪力墙等构件的钢筋为分布筋,具有间隔不变、均为纵向筋的特点。其建模可采用"区域钢筋"进行布置。本案例以图 8-1 所示钢筋混凝土平台结构的楼板为例,介绍分布钢筋的建模方法。

切换至标高 2 平面视图,点击菜单栏"结构"按钮,在上下文功能选项区"钢筋"栏点击"面积"图标按钮("结构区域钢筋"▥),选中楼板,出现"修改|创建钢筋边界"面板,在"绘制"中选择合适的绘制工具,绘制楼板钢筋边界。在模式区点击"√"按钮,完成楼板分布钢筋的布置。

完成楼板分布钢筋的布置后,需对分布钢筋的直径、类型、间距等进行调整。切换至剖面 1 视图,在楼板剖面中选分布筋,在属性栏对分布筋的相关参数进行设置(见图 8-19);顶部主筋选为 18HRB300,顶部分布筋选为 12HPB300;底部主筋选为 22HRB335,底部分布筋选为 16HPB300;相应分布筋间距均取为 300 mm;其他属性根据需要进行设置,如取消勾选顶部主筋方向、顶部分布筋方向,则在楼板顶部不布置顶部主筋及分布筋(是否在板的顶部布置主筋及分布筋,一般是根据板的厚度由结构受力是否需要确定的)。

在属性-图形栏,点击"视图可见性状态"-"编辑"按钮,在出现的"钢筋图元视图可见性状态"对话框中勾选"结构平面-标高 2"。回到标高 2 视图,则所创建的楼板分布钢筋如图 8-20 所示。

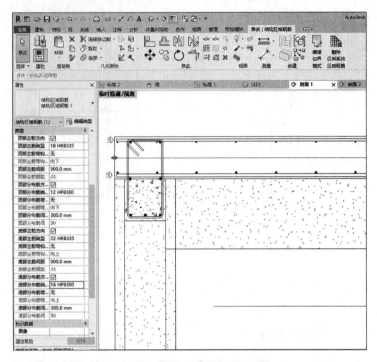

图 8-19　楼板分布筋属性设置

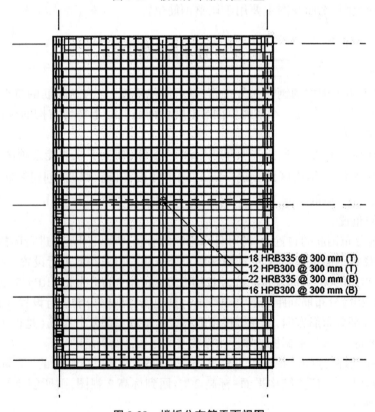

图 8-20　楼板分布筋平面视图

9 导出与出图

9.1 图纸视图

完成项目模型创建及相关信息设置后,就可以进行图纸的创建。Revit 的图纸都是与视图和明细表关联的,或者说 Revit 的图纸是视图和明细表的"容器"。例如,把平面视图、立面视图等拖曳到图纸中,就形成了 Revit 的图纸,所以,如果在项目中把某个视图删除,那么图纸上存有的这个视图就随之消失。

可以在图纸中添加建筑的一个或多个视图,包括楼层平面、场地平面、天花板平面、立面、三维视图、剖面、详图视图、绘图视图和渲染视图。每个视图仅可以放置到一个图纸上。要在项目的多个图纸中添加特定视图,请创建视图副本,并将每个视图放置到不同的图纸上。

创建图纸的基本方法如下。

9.1.1 载入图纸样板族

在菜单栏依次点击"插入"-"载入族",出现载入族对话框,选择"标题栏",出现系统自带的标题栏族,如图 9-1 所示。根据需要选择相应的图纸模板即可。载入后,在项目浏览器-族中可以看到该族。

图 9-1 载入标题栏族

9.1.2　图纸样板设置

利用系统自带的图纸样板族创建图纸后发现,图纸的标题栏等设置并不符合企业等图纸要求(见图 9-2),需要进行调整。可直接双击载入到图纸视图的样板族进行修改。

图 9-2　系统自带图纸样板标题栏

当然,根据需要,用户在使用过程中也可以根据企业、行业相关要求建立自己的图纸样板族。在工程实践中,更多的是提前创建好图纸样板族,项目创建图纸时直接载入即可。

创建图纸样板族方法如下:

在新建族-标题栏,选择相应图幅尺寸的样板,如 A3 公制,打开后出现 A3 图框,在此基础上可根据需要汇总标题栏并设置相应内容等,如在标题栏放入文字、标签等,如图 9-3 所示。图 9-3 标题栏中,"项目负责人""专业负责人"等为插入的"文字";"×××设计有限公司""图纸名称"等为插入的"标签"。

注意:文字放入后,当载入项目时,文字内容不变;标签是与参数相关联的,载入项目后,会随项目不同,其显示内容也不一样,如图纸名称,会随着不同的项目图纸而变化。图纸模板为通用基本模型,单位或用户创建好后,相关项目可以直接使用。合理利用标签,建立标题栏内容参数化,在创建图纸阶段可以避免反复输入,提高工作效率。

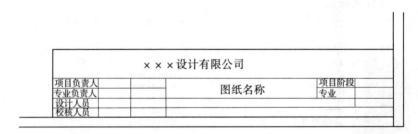

图 9-3　自建图纸标题栏

9.1.3　创建图纸

点击菜单栏"视图",在"图纸组合"功能区点击"图纸"按钮,出现"新建图纸对话框",对话框中列出了系统自带及近期使用过的图纸样板,也可选择载入其他图纸样板。本案例选择载入自建的图纸样板。点击"确定"后,出现所创建的图纸视图。在"项目浏览器"-"图纸"栏下,可以看到所创建的图纸已出现在其中,其命名为系统自动命名,用户根据需要可以进行修改。

至此,已创建了一个 A3 图纸。用户可以根据项目需要,创建其他图纸。图纸创建好后,用户可以向其中添加相应的视图。

9.2　施工图整理

项目模型创建完成后，从项目浏览器可以看到很多视图类型，如楼层平面视图、立面视图、剖面视图等，这些视图是施工图出图的基本视图，但要通过一些设置、修改才能达到出图的要求，如有些视图在建模时并没有添加尺寸标注、说明等注释，而这些是施工图的基本内容之一，因此有必要对施工图进行整理。

在案例房屋项目切换视图至"楼层平面"节点下的 F1 平面视图。在 F1 平面视图已经创建好房屋项目的相关模型，该模型创建时添加了相关参照平面等辅助，这些在平面施工图里面可能并不需要。此外，施工图里需要的尺寸标注、注释等在 F1 平面视图里没有。因此，常规做法是，以 F1 平面视图为基础，复制得到相应的施工图，在施工图里可以删除不需要的参照平面辅助等，同时添加尺寸标注、注释等。以创建 1F 平面施工图为例进行说明。

进入 F1 平面视图，在菜单栏点击"视图"，在"创建"选项区点击"复制视图"下拉命令按钮，选择"带细节复制"，则 F1 平面视图自动复制到"楼层平面"节点下，在项目浏览器选中复制得到的平面视图，点击右键选择重命名，将该视图改名为"1F-建筑平面图"。此外，也可以在项目浏览器，选中 F1 平面视图，点击右键选择复制视图–带细节复制，将 F1 平面视图进行复制。

复制视图有"复制""带细节复制""复制作为相关"三种类型。"复制"是指原有视图中仅有模型几何形体会被复制；"带细节复制"是指原有视图的模型几何形体（例如墙体、楼板、门窗等）和详图几何形体（包括尺寸标注、注释、详图构件、详图线等）都将被复制到新视图中；"复制作为相关"是指通过该命令所创建的相关视图与主视图保持同步，在一个视图中的修改，所有视图都会反映此变化。

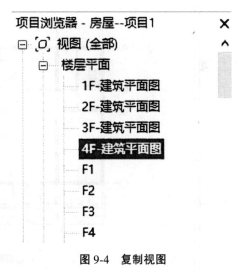

图 9-4　复制视图

类似可以复制其他楼层平面视图及立面视图、剖面视图等。复制相关视图以后的项目浏览器如图 9-4 所示。

复制相关视图作为施工图后，可以在相应施工图里根据需要进行尺寸标注、注释等。

9.3　布置视图

在施工图里完善尺寸标注、注释相关内容后，可以将施工图导入图纸。

按照前述方法，以自建图纸模板为基础，新建一个图纸，修改名称为"A002-1F 平面图"。现在需要将修改完善好的"1F-建筑平面图"添加到"A002-1F 平面图"图纸。

在"项目浏览器"选择"1F-建筑平面图"进入视图,在属性栏勾选"裁剪视图"和"裁剪区域可见",点击"应用"。此时视图窗口中出现视图边界线,点击边界线,边界线变为蓝色,拖动边界线上的小圆点,可对视图范围进行调整。

调整好视图范围后,即可将该视图添加到图纸。有两种方法将视图添加到图纸。

9.3.1　拖动法

双击"项目浏览器-图纸- A002-1F 平面图",进入图纸视图。在"项目浏览器-视图"中选择"1F-建筑平面图",拖动鼠标将其添加到图纸中。

9.3.2　右键添加

选中"项目浏览器-图纸- A002-1F 平面图",点击右键,出现"添加视图",点击出现可供添加的视图列表,选择要添加到其中的视图即可。

视图添加到图纸后,其大小比例相对于图纸图框不一定合适,可以在图纸中选中刚才添加的视图,在属性栏调整该视图的比例,直到合适,也可进入到"1F-建筑平面图"调整其比例。

根据需要,在图纸内可以进一步完善相关信息。"A002-1F 平面图"图纸如图 9-5 所示。

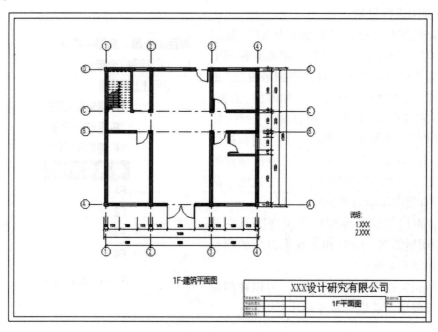

图 9-5　布置视图

9.4 导出文件

9.4.1 明细表

Revit 为用户提供了一个叫"明细表"的工程量统计工具,明细表可以为用户实现构件数量、相关参数的统计功能,当用户在明细表中对构建参数进行修改或进行明细表"行删除"时,相关的构件实际上也得到了对应修改或删除,这体现了 BIM "关联性"的特点。同时明细表可以实现 txt 文档的导出,再通过 Excel 转换工具将导出的文档转换成 Excel 文本以便用户对数据的重新整合。

明细表是将项目中的图元属性,以表格的形式统计并展现出来。明细表可以列出要编制明细表的图元类型的每个实例,或根据明细表的成组标准将多个实例压缩到一行中。

明细表主要有"明细表/数量"(提取模型中各种构件的数量等参数并进行统计)、"材质提取明细表"(提取模型中任意图元具有的材质及相关属性)、"图形柱明细表""图纸列表""注释块列表""视图列表"等类型。本案例以最常见的"明细表/数量"为例介绍明细表的生成及相关使用方法。

在菜单栏单击"视图",在上下文功能选项区"创建"栏,点击"明细表",下拉菜单出现"明细表/数量"等 5 种类型明细表,点击"明细表/数量",出现新建明细表对话框,对话框中列出了所有可以创建明细表的类别,根据需要选择创建明细表的类别即可新建相应的明细表。此外,在"项目浏览器"–"视图"节点下,系统自动生成了"明细表/数量"明细表,其下包含了所有常见的明细表,用户根据需要选择即可。双击其中的"B–结构柱明细表",则系统自动创建结构柱明细表如图 9-6 所示。

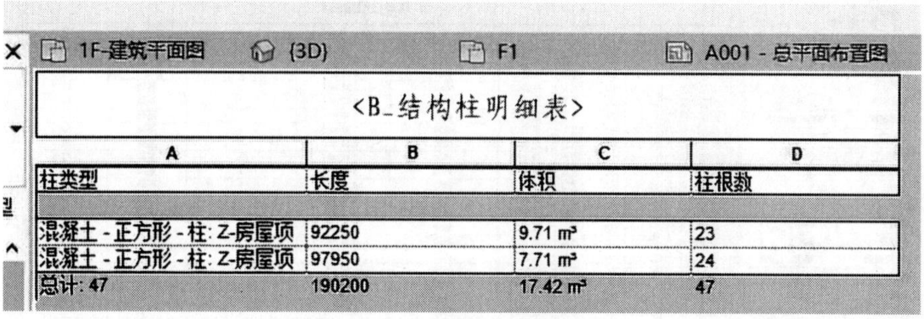

图 9-6 生成结构柱明细表

系统自动创建的明细表其字段、格式等可能不满足需要,可以在属性栏进行编辑调整。在"B–结构柱明细表"属性栏,点击"字段"右边的"编辑"按钮,出现明细表属性对话框(见图 9-7),在其中可对相关属性进行编辑。在字段选项下,通过向左、向右箭头可以往明细表添加或删除相应字段,通过上、下箭头可以调整明细表中字段顺序。在过滤器栏,可以设置相应条件过滤显示;在排序/成组栏可以设置明细表排序规则;在格式、外观栏,可以对明细表的格式、样式进行调整设置。修改、调整后的"B–结构柱明细表"如图 9-8 所示。

图 9-7　明细表属性对话框

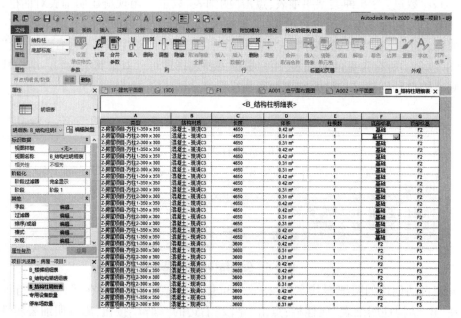

图 9-8　修改、调整后的"B-结构柱明细表"

　　明细表调整设置好后，可以导出。双击进入需要导出的明细表视图，如本案例的"B-结构柱明细表"。在菜单栏依次单击"文件"-"导出"-"报告"-"明细表"，选择保存文件类型为"分隔符文本(．txt)"，点击"保存"，则明细表导出为"．txt"文本文件。需要说明的是，Revit 系统只能将明细表导出为"．txt"文本文件，不能直接导出为 Excel 文件。但标准格式的".txt"文件,可以直接拖入 Excel 文件中,生成相应表格,这样就可以在 Excel 表格中对导出的明细表进行编辑、调整。

9.4.2 模型导出

模型创建完成后,可以根据需要导出。Revit 可将相应模型导出为 CAD、DWF/DW-Fx、FBX、图像、动画、报告等格式文件。在导出为其他文件时,有些需要进行导出设置。如导出成 CAD 文件时,由于 Revit 是使用类别的方式管理对象,而 CAD 图纸中使用图层的方式进行管理,需要在"导出"-"选项"中进行相关设置。对于一般的导出,使用系统默认的设置即可,更多其他设置,建议使用者在实践中参考 Revit 应用指南。

9.5 图纸打印

当图纸布置完成后,除能将其导出为 DWG 格式文件外,还能够将其打印成图纸,或者通过打印工具将图纸打印成 PDF 格式文件。

在菜单点击"打印",出现"打印设置"对话框(见图 9-9),在其中可以选择打印当前窗口视图或所有视图列表(从中选择需要打印的视图);当打印多个视图(图纸)时,可选择创建单独的文件或将多个视图或图纸合并到一个文件。用户根据需要进行设置即可。

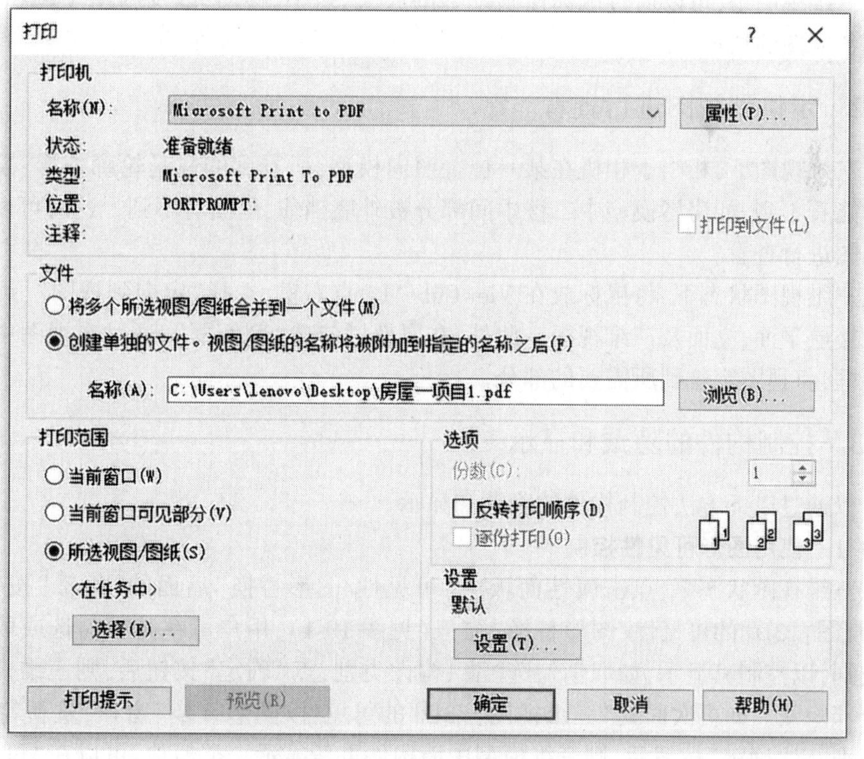

图 9-9 "打印设置"对话框

10　模型后期应用

10.1　模型浏览

模型创建完毕后,可以对模型进行全方位查看。本案例结合房屋项目进行常用查看方式介绍。

10.1.1　自由查看整体模型

在"项目浏览器"-"视图"-"三维视图",点击"三维",进入三维视图。也可在菜单栏依次点击"视图"-"三维视图"-"默认三维视图",进入三维视图。三维视图有正交三维视图和透视三维视图。在正交三维视图中,不管相机距离的远近,所有构件的大小都相同。在透视三维视图中,越远的构件显示得越小,越近的构件显示得越大。在 ViewCube 上点击右键,可以进行正交视图和透视视图切换选择。

在三维视图中,可以通过鼠标控制模型的放大、缩小、移动,以及利用 ViewCube 进行旋转及各视图的切换。

10.1.2　定位到视图进行查看

在三维视图下,相当于相机在某一位置照向模型,所看到的只是轮廓外形,模型某些部分可能看不到,如房屋模型中二楼中间部分被外墙挡住,里面看不到。这时可以通过定位到视图进行查看。

在三维视图状态下,将鼠标放在 ViewCube 上,点右键,选择"定向到视图",可以定向到任意楼层平面、立面及三维视图。此外,在属性栏勾选"剖面框",通过在视图中拖拉控制剖面框,将视图定位到所需的部分。

10.1.3　控制构件的隐藏和显示

可以通过以下方法控制构件的隐藏和显示。

10.1.3.1　使用图形可见性控制

在三维视图状态下,点击属性面板中"可见性/图形替换"后面的"编辑"按钮,进入"三维视图:{3D}的可见性/图形替换"窗口(见图 10-1),用户可在其中勾选或取消勾选相应类别,以控制其显示,如取消勾选"墙"构件类别,点"确定"按钮后,则三维模型中墙构件全部隐藏。如再次回到"三维视图:{3D}的可见性/图形替换"窗口,重新勾选"墙"构件类别,点"确定"按钮后,则三维模型中墙构件重新显示。类似地,可以在"可见性/图形替换"窗口对"注释类别"等进行选择控制。

点击菜单栏"视图",在"图形"功能区,点击"可见性/图形"按钮,也可以进入图形可

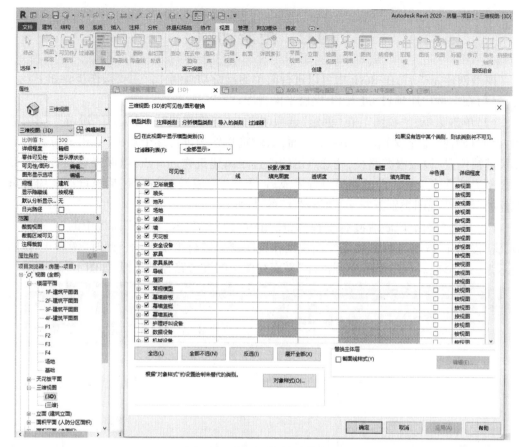

图 10-1   图形可见性设置窗口

见性设置窗口。此外,在命令区之间输入"V V"快捷键,将直接进入图形可见性设置窗口。

10.1.3.2 使用临时"隐藏/隔离"功能控制

在三维视图中,选择模型中的某一图元(如一面墙),点击位于视图窗口下方的视图控制栏中"临时隐藏/隔离"图标按钮("眼镜图标"),出现"隔离类别""隐藏类别""隔离图元""隐藏图元"选项,选择"隐藏类别",则模型中墙图元全部隐藏。注意"隔离"与"隐藏"的区别,"隐藏"是指控制所选图元不显示,而"隔离"是将所选图元与其他图元隔离出来单独显示(其他图元不显示)。

上面的"隐藏""隔离"只是临时的。当某一图元应用"隐藏""隔离"后,再次点击"临时隐藏/隔离"图标按钮,会出现"重设临时隐藏/隔离"工具选项,点击该选项,则隐藏或隔离的图元全部被取消隐藏或隔离。

10.2　漫游动画

模型创建完毕后,在 Revit 中可以进行简单的漫游动画制作。主要操作步骤如下:

(1)在案例房屋项目,进入 F1 楼层平面视图。

(2)单击菜单栏"视图",在"创建"选项区点击"三维视图",下拉选择"漫游"工具,进入"修改|漫游"上下文选项。在 F1 平面,从建筑物外围进行逐个点击(点击的位置为后期关键帧位置)设置漫游路径,注意点击的位置距离建筑物远一点,以保持后期看到的漫游模型为整栋建筑物。漫游路径设置完成后,点击"完成漫游"按钮,系统自动在项目浏览器的"漫游"视图类别下新增了"漫游 1"的动画。

(3)双击"漫游 1"激活漫游 1 视图,使用"视图"选项卡"窗口"面板中的"平铺"工具,将"漫游 1"视图与"1F"楼层平面视图在视图窗口进行平铺展示。此时"漫游 1"视图显示为一矩形框。点击矩形框,则"1F"平面视图中的漫游路径被选择,如图 10-2 所示。

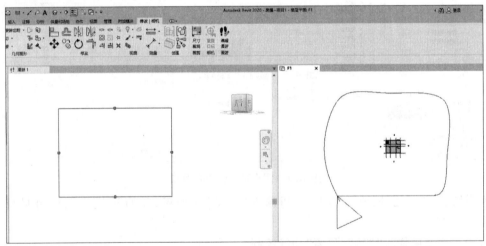

图 10-2　漫游 1 视图窗口及漫游路径

(4)在矩形框及漫游路径被选择的情况下,点击"修改|相机"下"编辑漫游"按钮,则漫游路径上关键帧点变成红色圆点,大喇叭口即为当前关键帧下看到的视野范围,"小相机"图标为当前漫游视点位置。

(5)移动"小相机"图标,放在开始漫游的第一个关键帧位置,点击粉色的移动目标点,调整大喇叭口的位置,使其对准房屋模型,如图 10-3 所示。

(6)在"漫游 1"视图,拖动矩形框四边上的蓝色小点,可以调整视野范围。在其属性栏,也可通过调整"远剪裁偏移"数值来控制调整范围。在第一个关键帧点看到的房屋效果如图 10-4 所示。

(7)下一关键帧编辑。单击"编辑漫游"选项卡"漫游"面板中的"下一关键帧"工具,相机位置自动移到下一个红色圆点位置。调整大喇叭口,将其视野对准模型。按照上述方法,逐个将相机移到后面关键帧位置,调整视野范围。最后将关键帧点定在第一个起始关键帧点位置。

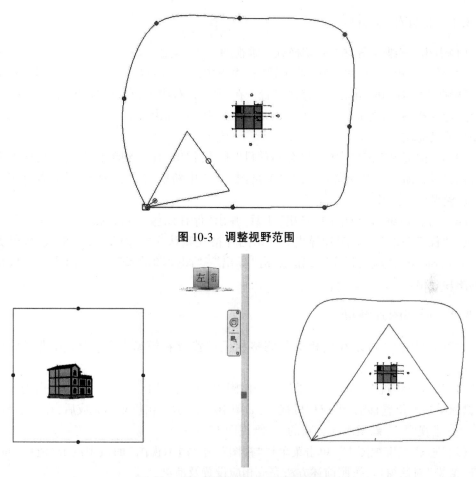

图 10-3   调整视野范围

图 10-4   第一个关键帧点下的视图效果

（8）单击"漫游 1"视图，使其处于激活状态，点击"编辑漫游"选项卡"漫游"面板中的"播放"工具，可以将做好的漫游进行播放。此外，可以通过调整漫游帧总帧数及时间等控制漫游显示效果。

（9）漫游动画导出。单击"应用程序"按钮，点击"导出"–"图像和动画"–"漫游"，弹出"长度/格式"窗口，无需修改，点击"确定"按钮，关闭窗口，弹出"导出漫游"窗口，指定存放路径及命名，点击"确定"，则漫游动画被导出。默认导出文件类型为". avi"格式，可以脱离 Revit 单独播放。

必须说明的是，受软、硬件条件的限制，更多专业、复杂的漫游动画必须依赖专业软件完成。

10.3   图片渲染

模型创建完成后，根据需要可以进行图片渲染。

10.3.1　整体模型图片渲染

（1）点击"三维视图"按钮，切换到三维视图。

（2）单击菜单栏"视图"，在"演示视图"面板中点击"渲染"按钮，打开"渲染"对话窗口，可根据需要对相应功能进行修改设置。在"质量"右侧下拉框中选择"中"（根据电脑配置进行选择）。设置完成后点击左上角"渲染"按钮，弹出"渲染进度窗口"，显示100%后图片渲染完成。

（3）点击"渲染"窗口中的"保存到项目"工具，弹出"保存到项目中"窗口，根据需要进行相关设置即可。保存完成后，在"项目浏览器"中新增"渲染"视图类别，含有刚保存的整体模型渲染图片。

（4）点击"渲染"窗口中的"导出"工具，弹出"保存图像"窗口，指定保存路径及文件名，点击"保存"按钮完成图片导出。导出图片格式默认为". jpg"".jpeg"格式，也可关闭"渲染"窗口，单击"应用程序"按钮，点击"导出"-"图像和动画"下的"图像"工具，将渲染的图片导出。

10.3.2　局部图片渲染

在三维视图下，可以利用相机及调整相机位置查看模型局部视图，并进行局部图片渲染。

（1）进入三维视图，单击"视图"-"三维视图"，点击"相机"工具。单击空白处放置相机，鼠标向模型位置移动，形成相机视角，如图10-5所示。相机布置完成后，在"项目浏览器"-"三维视图"下新增刚才创建的"三维视图1"。

（2）进入"三维视图1"，单击菜单栏"视图"，在"演示视图"面板中点击"渲染"按钮，打开"渲染"对话窗口，按照前述方法完成相应设置及渲染。

（3）保存及导出，步骤同整体模型图片渲染。

在上述过程中可以通过设置相机偏移高度、拖曳控制点等进行图片查看方位及角度等的设置。

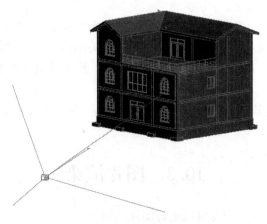

图 10-5　相机视角

10.4 日照分析

　　Revit 可以模拟真实地理环境下的日光照射情况,分静态模拟和动态模拟。静态日光模拟是指某个时间点的静态光照分析,包括静止日光研究和照明日光研究;动态日光研究包括一天日光和多天日光研究,可以动态模拟(生成动画)一天或多天当中设定时间段内阴影的变化。此外,为了表达真实环境下的逼真场景,必须添加模型的阴影效果。阴影是日光研究中不可缺少的元素。

　　模型创建完成后,根据项目实际情况进行项目方向及日光设置,在 Revit 窗口下部的视图控制栏,点击"关闭阴影"( )按钮,建筑物出现阴影,再次点击,阴影关闭。当然阴影的显示效果与项目方向及日光设置等有关。在 Revit 窗口下部的视图控制栏,点击"关闭日光路径"( )按钮,出现日光设置选项,根据需要进行相应设置,即可实现静态日光研究和动态日光研究,并可导出日光研究的动画视频及图像文件。

10.5 碰撞检查

　　碰撞检查指的就是对建筑模型中的建筑构件、结构构件、机械设备、水暖电管线进行检查,以确定它们之间是否发生交叉、碰撞。然后深化人员再根据碰撞结果逐一进行调整并做好记录。如果按照碰撞方式可以分为硬碰撞和软碰撞,按碰撞类型又可以分为单专业碰撞检查和多专业碰撞检查。

　　Revit 可以对协同设计建立的 BIM 模型进行碰撞检查操作,其软件自带的碰撞检查功能可以根据自动生成的冲突报告,通过"显示"功能准确地查找到碰撞点,直接在模型内通过对移动管线的位置对碰撞管道进行修改。但是,软件在运行碰撞检查功能时,对计算机性能要求比较高,常规配置的电脑在运行时由于电脑硬件的限制,检查过程耗时。所以在使用 Revit 进行碰撞检测时可分区检测,减少构件数量。

　　检测完后,软件会自动列出产生冲突的所有构件,生成冲突报告,如果没有碰撞,软件就会给出"未检测到冲突"提示。在冲突报告中单击任意一条冲突信息,选择"显示",软件能够自动定位到发生碰撞的位置,并且会将碰撞构件高亮显示,便于查找与修改。设计人员可将生成的 HTML 版本的报告导出保存,在解决完所有的碰撞问题后,刷新冲突报告将不会再显示已经解决的冲突。

　　如果说 Revit 软件运行碰撞检查对电脑硬件要求比较高,那么 Navisworks 作为碰撞检查软件对计算机硬件要求比较低,常规配置的电脑均可满足要求,且软件界面友好、操作比较简便,设计人员可以在很短的时间内掌握。但是,Navisworks 只负责检查,却不具备对 BIM 模型中的碰撞问题进行修改的功能,必须通过查找 ID 返回到 Revit 设计界面下对碰撞点信息进行修改。有关 Navisworks 的介绍见下节。

10.6　与其他软件对接

正如相关定义所指出的,BIM(建筑信息模型)是指在建设工程及设施全生命期内,对其物理和功能特性进行数字化表达,并依此设计、施工、运营过程和结果的总称。前述 Revit 建模只是 BIM 应用的开始:进行了模型的数字化表达,其后续相关应用和功能必须借助于其他相关软件来实现。相关软件在 Revit 模型基础上可以实现图形浏览、动画制作、能耗分析、碰撞检查、施工模拟、工程造价、项目管理、运营维护等,这些软件的功能侧重点不同,对计算机硬件配置要求也不一样,用户在工程实践中可根据需要进行选择。相关主要软件简要介绍如下。

10.6.1　Navisworks

Navisworks 由 Autodesk 公司开发,能够将 AutoCAD 和 Revit 系列等应用创建的设计数据,与来自其他设计工具的几何图形和信息相结合,将其作为整体的三维项目,通过多种文件格式进行实时审阅,而无需考虑文件的大小。Navisworks 软件产品可以帮助所有相关方将项目作为一个整体来看待,从而优化从设计决策、建筑实施、性能预测和规划直至设施管理和运营等各个环节。

Navisworks 软件系列包括三款产品:

(1)Navisworks Manage。

该软件是设计和施工管理专业人员使用的一款全面审阅解决方案,用于保证项目顺利进行。Navisworks Manage 将精确的错误查找和冲突管理功能与动态的四维项目进度仿真和照片级可视化功能完美结合。

(2)Navisworks Simulate。

该软件能够精确地再现设计意图,制定准确的四维施工进度表,超前实现施工项目的可视化。在实际动工前,就可以在真实的环境中体验所设计的项目,更加全面地评估和验证所用材质和纹理是否符合设计意图。

(3)Navisworks Freedom。

该软件是免费的 Autodesk Navisworks NWD 文件与三维 DWF 格式文件浏览器。

在 Navisworks 软件中可对 BIM 模型进行浏览查看、碰撞检查、渲染图片、动画制作、进度模拟等操作,以配合现场投标、施工过程指导等。

Revit 软件可直接导出为 Navisworks 软件可识别的数据格式,两个软件数据可以互通,只需要在电脑上安装好 Revit 和 Navisworks 即可,无需其他插件。

10.6.2　Fuzor

Fuzor 是由美国 KallocStudios 开发的一款虚拟现实级的可视化 BIM 软件。Fuzor 与 Revit,ArchiCAD 等建模软件能实时双向同步,其对主流 BIM 模型的强大兼容性为专业人员提供了一个集成的设计环境,以实现工作流程的无缝对接。在 Fuzor 中整合 Revit、Sketchup、FBX 等不同格式的文件,然后在 2D、3D 和 VR 模式下查看完整的项目,并在 Fuzor 中对模型进行设计优化,最终交付高质量的设计成果。

(1)双向实时同步。

Fuzor 的 Live Link 为 Fuzor 和 Revit、ArchiCAD 之间建立了一座沟通的桥梁,此功能使得两个软件间的数据能够实时修改、同步及更新,再也无需为了得到一个良好的可视化效果而在几个软件中导来导去。

(2)强大的 BIM 虚拟现实引擎。

Fuzor 基于自有的 3D 游戏引擎开发,模型承受量、展示效果、数据支持都是为 BIM 量身定做,支持 BIM 模型的实时渲染,实时 VR 体验。

(3)云端多人协同。

Fuzor 支持基于云端服务器的多人协同工作,无论在局域网内部还是互联网,项目各参与方都可以通过 Fuzor 搭建的私有云服务器来进行问题追踪,3D 实时协同交流。

(4)4D 虚拟建造。

Fuzor 简单高效的 4D 模拟流程可以快速创建丰富的 4D 进度管理场景,用户可以基于 Fuzor 平台来完成各类工程项目的施工模拟。

(5)移动端支持。

Fuzor 有强大的移动端支持,可以让大于 5 GB 的 BIM 模型在移动设备中流畅展示。您可以在移动端设备中自由浏览、批注、测量、查看 BIM 模型参数,查看 4D 施工模拟进度等。

(6)客户端浏览器。

Fuzor 可以把文件打包成一个 EXE 的可执行文件,供其他没有安装 Fuzor 软件的项目参与方像玩游戏一样审阅模型,同时还可以对 BIM 成果进行标注,甚至可以进行 VR 体验。

10.6.3 BIMFILM

BIMFILM 是一款国产软件,由北京睿格致科技有限公司开发。它是基于 BIM 技术、结合游戏级引擎技术和 3D 动画编辑技术,整合了建设工程行业通用的"施工模板""素材库",可以添加标注,支持常用构件和材料的自定义模型编辑,并且可以导入 VBIM、FBX、OBJ、3DS、DAE、SKP 等行业软件常用模型文件格式,以及导入图片、视频、图纸等平面型文件,同时支持输出效果图、录制播放器、录制编辑器、录制全景视频,快速输出多种格式多种类型的电影级别的视频,能够快速制作建设工程 BIM 施工动画的可视化工具系统,可用于建设工程领域招标投标技术方案可视化展示、施工方案评审可视化展示、施工安全技术可视化交底、教育培训课程制作等领域,其简洁的界面、丰富的素材库、内置 15 种动画形式,支持自定义动画、实时渲染输出等功能,使系统具备易学性、易用性、专业性的特点。

10.6.4 Autodesk Ecotect Analysis

Autodesk Ecotect Analysis 软件是一款功能全面的可持续设计及分析工具,其中包含应用广泛的仿真和分析功能,能够提高现有建筑和新建筑设计的性能。该软件将在线能效、水耗及碳排放分析功能与桌面工具相集成,能够可视化及仿真真实环境中的建筑性能。用户可以利用强大的三维表现功能进行交互式分析,模拟日照、阴影、发射和采光等因素对环境的影响。

10.6.5　广联达相关软件

由广联达科技股份有限公司开发的相关产品,立足建筑业,围绕工程项目的全生命周期,为客户提供数字化软硬件产品、解决方案及相关服务。与 BIM 相关的主要有广联达算量软件、广联达 BIM5D 等。

广联达算量软件采用 CAD 导图算量、绘图输入算量、表格输入算量等多种算量模式,三维状态自由绘图、编辑,高效、直观、简单。Revit 数据不能直接导出广联达算量软件可识别的数据格式,需要安装相关插件来实现两个软件之间的互通。

广联达 BIM5D 以 BIM 集成平台为核心,通过三维模型数据接口集成土建、钢构、机电等多个专业模型,并以 BIM 集成模型为载体,将施工过程中的进度、合同、成本、清单、质量、安全、图纸等信息集成到同一平台,利用 BIM 模型的形象直观、可计算分析的特性,为施工过程中进度管理、现场协调、合同成本管理、材料管理等关键过程及时提供准确的构件几何位置、工程量、资源量、计划时间等,帮助管理人员进行有效决策和精细管理,减少施工变更,缩短项目工期、控制成本、提升质量。同样,Revit 数据不能直接导出广联达 BIM5D 可识别的数据格式,需要安装 BIM5D,且在安装过程中要勾选 BIM5D 所支持的 Revit 版本,安装完成后在 Revit 软件附加模块中会出现"广联达 BIM"面板。

11 水利工程典型建筑物建模实例

水工建筑物与工业、民用建筑物有所区别,非标准构件居多,Revit系统自带的可直接使用的族有限,使用者可根据需要基于相关模型自建水工建筑物相关构件族。本章将以水闸为例介绍水利工程建筑物建模基本方法:先自建相关构件族,再载入族创建水闸模型,模型几何尺寸等属性可参数化修改。

11.1 新建相关构件族

水闸一般由上游连接段、闸室段、下游连接段组成,涉及底板、边坡、闸墩、消力池等不同类的构件。

11.1.1 底板

根据实际工程中水闸的形式,底板有平底板、齿墙底板、倾斜底板等不同形式,分别建族如下。

11.1.1.1 平底板族

(1)新建族,选择"公制常规模型"族样板,单击"打开"按钮进入族编辑器模式。

(2)利用"拉伸"命令创建平底板。拉伸方向为长度方向,底板顶面为参照标高"0高层"。进入左立面视图,创建两个竖直参照平面与一个水平参照平面,并进行尺寸标注。利用"EQ"命令,使两个竖直参照面对称于底板中心线。点击选中尺寸标注,在上下文功能选项区"标签尺寸标注"栏点击"创建参数"按钮,创建"平底板宽""平底板厚"两个标注参数,如图11-1所示。

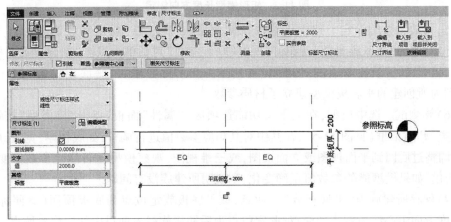

图11-1 创建平底板标签参数

(3)点击"创建"-"拉伸",在"绘制"面板选择矩形绘制工具,绘制矩形,并利用对齐命令将矩形的四条边与参照平面进行锁定,如图 11-2 所示。点击模式栏"√",完成拉伸。

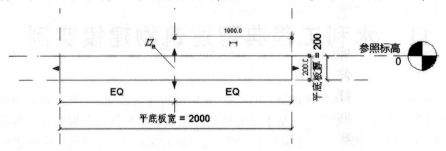

图 11-2　绘制拉伸矩形并锁定

(4)进入"楼层平面"-"参照标高"视图。创建一横向参照平面,并进行对齐尺寸标注,创建标注的标签参数为"平底板长度"。选中拉伸模型的两边,使其对齐、锁定于两横向参照平面,如图 11-3 所示。

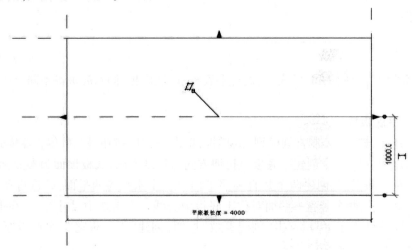

图 11-3　矩形模型长度方向锁定

(5)材质参数的设定。选中创建的拉伸模型,在属性栏"材质和装饰"区,点击"材质"栏最右边的"关联族参数"按钮,出现"关联族参数"对话框。点击"新建参数图标"按钮,出现参数属性设置对话框,如图 11-4 所示。在名称栏输入"平底板材质",点击"确定",则为所创建的平底板模型建立了材质参数。

(6)族测试。选中模型,在上下文功能选项区,"属性"面板,点击"族类型"按钮,出现"族类型"对话框(见图 11-5),在其中对其相应参数值进行调整,如底板厚、宽、长度、材质等,调整过后回到平面视图或立面视图,或三维视图,观察模型是否能随参数值变化而相应变化,如果模型能随参数值正确变化,则说明所建族没有问题。

(7)保存所建族为"平底板族"。注意,该平底板族定位点为底板顶面(参照标高为0),宽度方向中心线与左边的交点,此定位点为后期将族载入项目中的定位参照点。

11.1.1.2　齿墙底板族

齿墙底板族创建方法与平底板族类似,区别在于齿墙底板的底面不再是平面,而是有

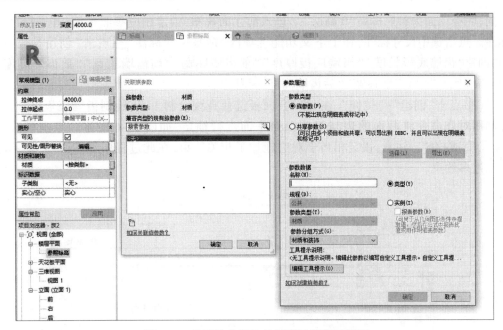

图 11-4　关联族参数及参数属性设置对话框

图 11-5　"族类型"对话框

齿墙。齿墙尺寸要求能参数化调整控制。

(1)新建族,选择"公制常规模型"族样板,单击"打开"按钮进入族编辑器模式。

(2)利用"拉伸"命令创建平齿墙底板。由于齿墙沿横向布置,故拉伸方向选择为宽方向,底板顶面为参照标高"0 高层"。进入前立面视图,创建相应参照平面,并进行尺寸标注。点击选中尺寸标注,在上下文功能选项区"标签尺寸标注"栏点击"创建参数"按钮,创建"齿墙底板长度""齿墙底板厚度""前齿墙底宽""前齿墙顶宽""前齿墙高度""后齿墙底宽""后齿墙顶宽""后齿墙高度"标注参数。

(3)点击"创建"-"拉伸",在"绘制"面板选择直线绘制工具,绘制齿墙底板纵截面,并利用对齐命令将截面的边与相应参照平面进行锁定,如图 11-6 所示。点击模式栏"√",完成拉伸。注意:锁定相当于对边施加了相关约束,在此过程中不能漏锁,也不能添加过多约束。

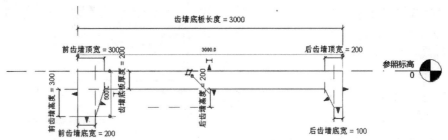

图 11-6　齿墙底板纵截面

(4)进入"楼层平面"-"参照标高视图",创建两个参照平面(用以约束底板的两边),进行对齐尺寸标注,利用"EQ"命令,使两个参照面对称于底板中心线。利用对齐命令使齿墙底板两边对齐相应参照平面并进行锁定,创建"齿墙底板宽"标注参数,如图 11-7 所示。

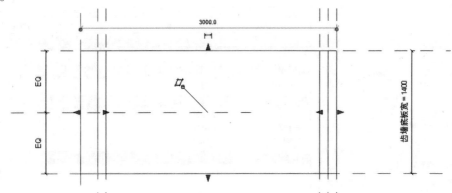

图 11-7　齿墙底板宽尺寸标注

(5)材质参数的设定。选中创建的拉伸模型,在属性栏"材质和装饰"区,点击"材质"栏最右边的"关联族参数"按钮,出现"关联族参数"对话框。点击"新建参数图标"按钮,出现参数属性设置对话框。在名称栏输入"齿墙底板材质",点击"确定",则为所创建的齿墙底板模型建立了材质参数。

(6)族测试。选中模型,在上下文功能选项区,"属性"面板,点击"族类型"按钮,出现"族类型"对话框,在其中对相应参数值进行调整,如齿墙底板厚度、齿墙底板长度前齿墙底宽等,调整过后回到平面视图或立面视图,或三维视图,观察模型是否能随参数值变化而相应变化,如果模型能随参数值正确变化,则说明所建族没有问题。

(7)保存所建族为"齿墙底板族"。注意,该齿墙底板族定位点为底板顶面(参照标高为0),宽度方向中心线与左边的交点,此定位点为后期将族载入项目中的定位参照点。

11.1.1.3　倾斜底板族

当水闸下游连接段有斜坡段时,底板是倾斜的。倾斜底板族创建方法同时,采用沿宽度方向拉伸。

(1)新建族,选择"公制常规模型"族样板,单击"打开"按钮进入族编辑器模式。进入前立面视图,创建相应参照平面,并进行尺寸标注。点击选中尺寸标注,在上下文功能选项区"标签尺寸标注"栏点击"创建参数"按钮,创建"倾斜底板水平长度""倾斜底板高差""倾斜底板厚度"标注参数。

(2)利用"创建"-"拉伸",绘制倾斜底板截面轮廓,并与相应参照平面锁定,如图 11-8 所示。

(3)进入"楼层平面"-"参照标高",创建两个参照平面(用以约束底板的两边),进行对齐尺寸标注,利用"EQ"命令,使两个参照面对称于底板中心线。利用对齐命令使倾斜底板两边对齐相应参照平面并进行锁定,创建"倾斜底板宽度"标注参数。

(4)创建倾斜底板材质参数。

(5)族测试。

(6)保存所建族为"倾斜底板族"。该倾斜底板族定位点为底板左上顶面(参照标高为0),宽度方向中心线与左边的交点。

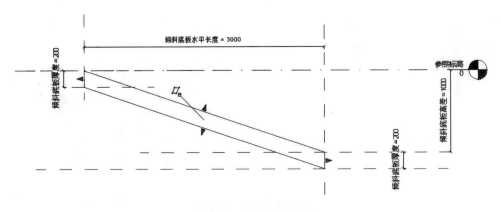

图 11-8　倾斜底板截面

11.1.2　边坡

11.1.2.1　梯形边坡

梯形边坡采用沿长度方向拉伸创建。

(1)新建族,选择"公制常规模型"族样板,单击"打开"按钮进入族编辑器模式。

(2)进入"立面"-"左"立面视图,创建相应参照平面,作为梯形边坡截面轮廓的定位辅助,并进行尺寸标注、创建标注参数。

(3)"创建"-"拉伸",绘制梯形边坡截面轮廓,并与相应参照平面锁定,如图 11-9

所示。

注意:在进行尺寸标注时均是针对参照平面进行标注的,当截面轮廓边与参照平面锁定时,改变参照平面的标注,则截面轮廓边也随之移动。在梯形边坡截面中,为了保证边坡上下边平行,斜率必须相同,当确定了边坡截面上表面线时,其下表面线斜率应当与上表面线相同。下表面线的右下起始点通过"梯形边坡底宽"控制确定,其左上终点交于控制梯形边坡宽的参照平面,其高度(图 11-9 中"内高 h")受到约束,对应关系为:内高 $h=$(梯形边坡高/梯形边坡宽) ＊ (梯形边坡宽-梯形边坡底宽)。在梯形边坡类型参数设置里,必须建立相应公式关系,如图 11-10 所示。此外,梯形边坡顶厚也是一个约束参数,当其他参数确定后,其值是个固定值,且在进行其尺寸标注时,不能对顶厚的两个参照平面进行标注(会显示有多余约束),而是直接对梯形边坡顶的两个边进行标注,并在梯形边坡类型参数设置里,建立相应公式关系:梯形边坡顶厚=梯形边坡高-内高 h。

(4)进入"楼层平面"-"参照标高",创建一个参照平面(用以约束边坡的长度),进行对齐尺寸标注,并进行锁定,创建"梯形边坡长度"标注参数。

(5)创建梯形边坡材质参数。

(6)族测试。

(7)保存所建族为"梯形边坡族"。该梯形边坡族定位点为图 11-9 中参照标高线与中心(前后)参照平面线的交点。

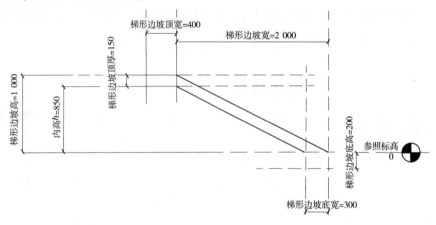

图 11-9　梯形边坡截面

11.1.2.2　扭面边坡

扭面为梯形断面向矩形断面的过渡段。扭面边坡在其长度方向上具有不同的横截面,因此采用"融合"或"放样融合"命令创建。

(1)新建族,选择"公制常规模型"族样板,单击"打开"按钮进入族编辑器模式。

(2)进入"立面"-"左"立面视图,创建相应参照平面,作为扭面边坡第一个横截面-梯形边坡截面轮廓及第二个横截面-矩形边坡截面轮廓的定位辅助,并进行尺寸标注、创建标注参数,如图 11-11 所示。

(3)点击"创建"-"融合",进入"修改|创建融合底部边界",选择直线绘制工具,绘制

图 11-10 "梯形边坡族"类型参数

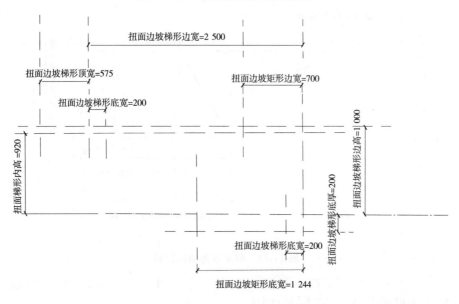

图 11-11 扭面边坡参照平面及其标注

梯形边坡截面轮廓,并利用对齐命令与相应参照平面进行锁定,如图 11-12 所示。

(4)点击"编辑顶部"按钮,进入"修改|创建融合顶部边界",选择直线绘制工具,绘

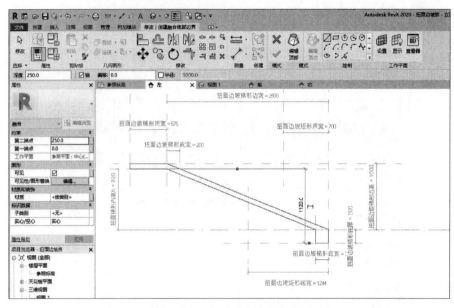

图 11-12　创建融合底部边界

制矩形边坡截面轮廓,并利用对齐命令与相应参照平面进行锁定,如图 11-13 所示。

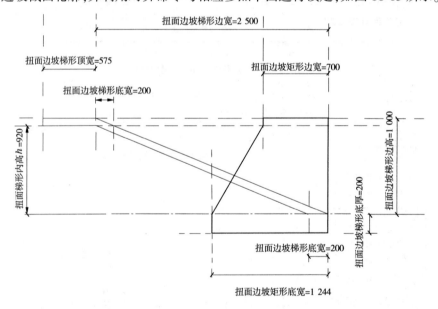

图 11-13　创建融合顶部边界

(5)点击模式栏"√",完成融合创建。

(6)进入"立面"-"前"立面视图,创建相应参照平面,作为扭面边坡长度的定位辅助,并利用对齐命令将左、右边与相应参照平面进行锁定,并进行尺寸标注,如图 11-14 所示。

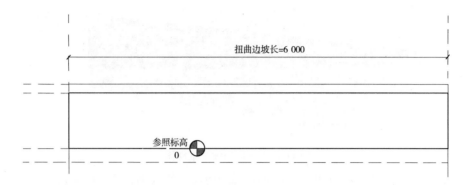

图 11-14 创建扭面边坡长度标注

(7)创建扭面边坡材质参数。

(8)参数测试。选中所创建的模型,点击"属性"–"族类型",进入族类型参数设置对话框(见图 11-15),逐一调整参数,并观察模型是否能正确随之变化。如果全部参数都能调整,则创建的族可以参数化驱动。

图 11-15 扭面边坡参数调整

(9)保存所建族为"扭面边坡族",如图 11-16 所示。该扭面边坡族定位点为扭面边坡起始截面–梯形边坡相应定位点(见图 11-9)。

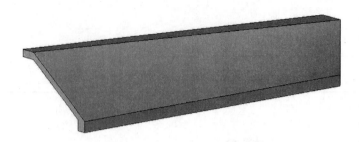

图 11-16　扭面边坡三维视图

说明:该扭面边坡也可以用"放样融合"命令创建,其区别在于"放样融合"先创建放样路径,对该扭面边坡而言,放样路径沿边坡长度方向,其余步骤基本与"融合"方法类似。Revit 系统中"融合"过程自动完成,底截面轮廓与顶截面轮廓相应点自动相连,在连接过程中,有可能出现不相应的点出现连接,或者需要连接的点而没有连接等情况,这时需要进行调整。进入三维视图,双击"融合"说创建的模型,出现"修改丨编辑融合底部边界"面板,点击"编辑顶点",出现"顶点连接"面板,选择"底部控件"或"顶部控件",则模型上相应点出现末端带圆圈的虚线(见图 11-17),点击圆圈会出现连接,此时虚线变成中间带实心圆圈的连接两相应点的实线,再次点击实心圆点,则该连接线断开,变成末端带圆圈的虚线。反复调整、切换"顶部控件"与"底部控件",点击圆圈实现连接与断开,直到所需要的相应点建立所需要的连接为止。对于底面轮廓与顶面轮廓,当其截面形状较为复杂时,用"融合"命令建立连接,系统往往不能直接建立理想的连接。一般情况下,创建"融合"模型时,在绘制底面轮廓与顶面轮廓截面形状时,尽量使两截面具有对应的关键点,这样系统自动连接时,会优先在对应关键点之间建立连接。

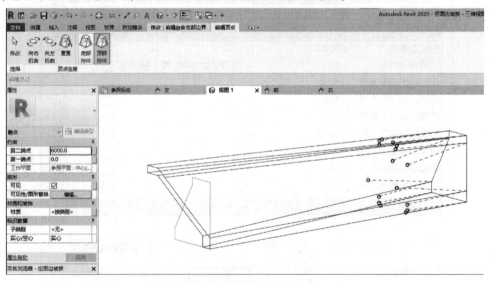

图 11-17　编辑融合边界顶点

11.1.3　闸墩

11.1.3.1　中墩

中墩需预留闸门门槽,采用向上拉伸创建。

(1)新建族,选择"公制常规模型"族样板,单击"打开"按钮进入族编辑器模式。

(2)进入"楼层平面"-"参照标高"平面视图,创建相应参照平面,进行尺寸标注并创建标注参数。

(3)"创建"-"拉伸",进入"修改丨创建拉伸",选择直线绘制工具,绘制中墩截面轮廓,并利用对齐命令与相应参照平面进行锁定,如图11-18所示。

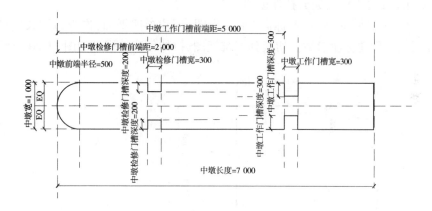

图11-18　中墩轮廓截面

(4)点击模式栏"√",完成拉伸创建。

(5)进入"立面"-"前"立面视图,创建相应参照平面,作为闸墩高度的定位辅助,并利用对齐命令将闸墩顶边与相应参照平面进行锁定,进行尺寸标注并创建标注参数。

(6)选中中墩模型,在属性栏创建"中墩材质参数"。

(7)族测试。选中所创建的模型,点击"属性"-"族类型",进入族类型参数设置对话框,逐一调整参数,并观察模型是否能正确随之变化。如果全部参数都能调整,则所创建的族可以参数化驱动。

(8)保存所建族为"中墩族",如图11-19所示。该中墩族定位点为中墩底面前端圆弧顶点。

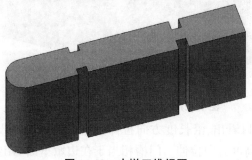

图11-19　中墩三维视图

11.1.3.2 边墩

边墩往往兼有挡土墙作用,实际工程中其截面形式可能为矩形、梯形等,对于不同的截面形式,如果其截面在长度方向或高度方向为等截面,则均可用"拉伸"命令创建,但要考虑门槽。为前后衔接,本案例边墩形式与扭面边坡末端形式相同。

(1)新建族,选择"公制常规模型"族样板,单击"打开"按钮进入族编辑器模式。

(2)边墩在高度方向是变截面,因此不能沿高度方向拉伸,选择沿长度方向拉伸。进入"立面"-"左"立面视图,创建相应参照平面,进行尺寸标注并创建标注参数。

(3)"创建"-"拉伸",进入"修改|创建拉伸",选择直线绘制工具,绘制边墩竖直截面轮廓,并利用对齐命令与相应参照平面进行锁定,如图 11-19 所示。

(4)点击模式栏"√",完成拉伸创建。

(5)进入"楼层平面"-"参照标高"平面视图,创建参照平面,作为边墩长度的参照,进行尺寸标注并创建标注参数。切换到三维视图,拉伸创建的模型如图 11-20 所示。

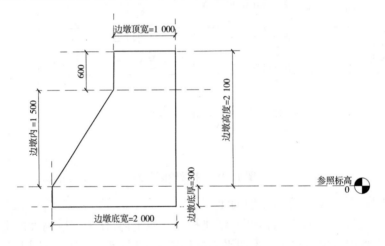

图 11-20 边墩轮廓截面

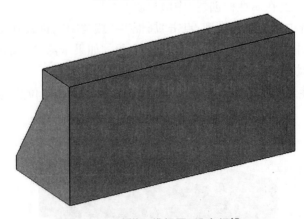

图 11-21 边墩三维视图(没有门槽)

(6)从图 11-21 可以看出,沿长度方向拉伸创建的边墩模型没有门槽。门槽沿长度方向截面不变,可以沿高度方向拉伸。门槽相当于在边墩里面切出相应部分,因此可使用

"空心拉伸"。进入"楼层平面"－"参照标高"平面视图,创建参照平面,作为检修门槽、工作门槽定位的参照,进行尺寸标注并创建标注参数,如图11-22所示。

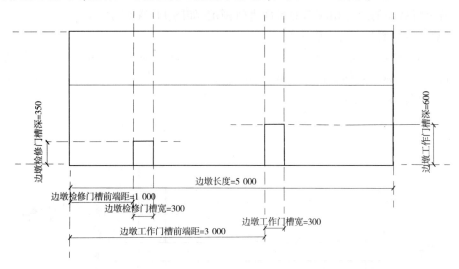

图11-22　边墩门槽参照平面及标注参数

(7)点击"创建"－"空心形状"－"空心拉伸",用直线或矩形绘制工具绘制检修门槽、工作门槽截面轮廓,见图11-21。

(8)点击模式栏"√",完成"空心拉伸"创建。

(9)进入"立面"－"前"立面视图,利用对齐命令,将"空心拉伸"创建的门槽上边与边墩高度对应的参照平面进行锁定。

(10)选中模型,在属性栏创建"边墩材质参数"。

(11)族测试。选中所创建的模型,点击"属性"－"族类型",进入族类型参数设置对话

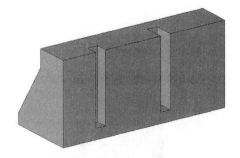

图11-23　边墩三维视图

框,逐一调整参数,并观察模型是否能正确随之变化。如果全部参数都能调整,则所创建的族可以参数化驱动。

(12)保存所建族为"边墩族",如图11-23所示。

11.1.4　消力池

消力池形式有多种,较常见的有平底矩形断面消力池、斜坡消力池、扩散与收缩型消力池和梯形断面消力池等。本案例以常见的平底矩形断面消力池为例进行介绍。

平底矩形断面消力池沿消力池宽度方向具有相同截面,因此采用沿宽度方向进行拉伸。

(1)新建族,选择"公制常规模型"族样板,单击"打开"按钮进入族编辑器模式。

(2)进入"立面视图"－"前"立面视图,创建相应参照平面,进行尺寸标注并创建标注

参数。

（3）点击"创建"－"拉伸"，在"绘制"面板选择直线绘制工具，绘制消力池截面，并利用对齐命令将截面的边与相应参照平面进行锁定，如图 11-24 所示。

（4）点击模式栏"√"，完成拉伸。

（5）进入"楼层平面"－"参照标高"平面视图，创建相应参照平面（用以控制消力池宽度），进行尺寸标注并创建标注参数，利用对齐命令将消力池的两个边与相应参照平面锁定对齐，如图 11-25 所示。

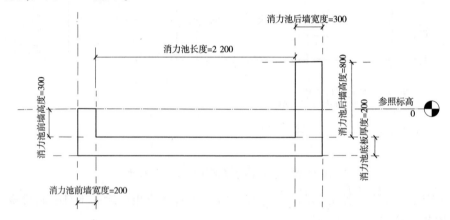

图 11-24　消力池截面轮廓

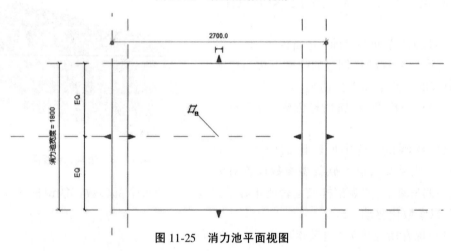

图 11-25　消力池平面视图

（6）选中模型，在属性栏创建"边墩材质参数"。

（7）族测试。选中所创建的模型，点击"属性"－"族类型"，进入族类型参数设置对话框，逐一调整参数，并观察模型是否能正确随之变化。如果全部参数都能调整，则所创建的族可以参数化驱动。

（8）保存所建族为"消力池族"，如图 11-26 所示。

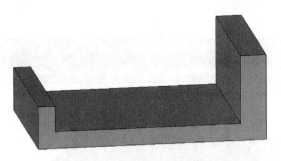

图 11-26　消力池三维视图

11.2　创建水闸模型

11.1 节创建了底板、边坡、闸墩、消力池等水闸组成部分构件族,本节通过将构件族载入项目创建水闸模型。需要说明的是,实际工程中水闸结构形式、尺寸等不尽相同,本节所创建的水闸模型针对典型结构样式,其尺寸可以通过参数进行调整。

(1)新建项目。标高 1"±0.000"为闸底板板顶高程。

(2)载入族。在菜单栏点击"插入",在"从库中载入"面板点击"载入族",打开保存族的文件夹,进入载入族窗口(见图 11-27),选择需要载入的族(本案例全选所创建的水闸构件族),点击打开,则所选的族载入项目。载入项目后,在"项目浏览器"-"族"-"常规模型"分支下可看到已经载入的族。

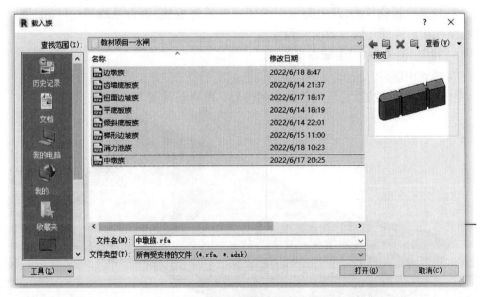

图 11-27　载入族窗口

(3)放置构件族。进入"楼层平面"-"参照标高"平面视图,在"项目浏览器"-"族"-"常规模型",点击选中"梯形边坡族",右键出现"创建实例",点击"创建实例",鼠标移至平面视图适当位置(定位参照点),单击,则梯形边坡族被放置在平面视图。其平面视图、三维视图分别见图 11-28、图 11-29。

图 11-28　所载入梯形边坡族的平面视图

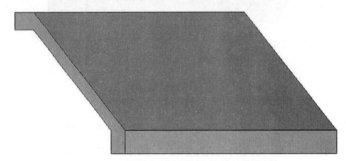

图 11-29　所载入梯形边坡族的三维视图

说明:族的载入也可通过在"项目浏览器"直接选中需要载入的族,拖动到视图平面放置即可。

(4)放置其他构件族。依次在"楼层平面"-"参照标高"平面视图放置"扭面边坡""边墩"构件族;利用"镜像"命令在边墩下游放置边墩上游"扭面边坡"的镜像;放置过程中,注意随时调整族的参数,保存相连构件几何参数的一致性。

(5)放置底板构件族,从上游至下游依次放置底板族、消力池族等,并随时调整族的参数,保存相连构件几何参数的一致性。

(6)利用"镜像命令"生成右岸边坡。

(7)放置中墩。

完成相应构件放置后,所创建的水闸模型三维视图见图 11-30。

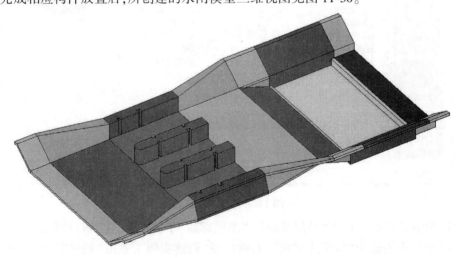

图 11-30　水闸模型三维视图

说明:图 11-30 水闸模型中,边坡顶高度看起来不一致,这是由于视图角度的原因(切换到立面视图,可以发现其高度实际上是一致的)。为了便于区分,各构件族在材质设定时使用了不同颜色外观,实际工程中其颜色根据实际材料确定。水闸上部工作桥、交通桥及控制室等与常见土木工程模型类似,利用常用的梁、板、柱命令直接创建即可;水闸各部分尺寸、比例等不一定与实际工程符合,本案例侧重于建模过程介绍。在放置构件族过程中,建议按照一定的顺序放置,便于前后构件尺寸参数的协调、调整。此外,对各构件族均建立了自身的参数化尺寸标注,可以选中族,在参数类型中调整设置相应尺寸参数,但各构件族的尺寸标注参数相互独立,为了保证构件尺寸协调,需要逐一选中相应构件进行尺寸参数调整。事实上,可以在项目中创建项目全局参数,并将族构件参数与之关联,这样对于一些具有共性的参数,可以直接在项目参数中进行调整,而不需要逐一调整构件族参数,其过程与方法见下一节。

11.3　水闸模型项目全局参数

水闸模型中,渠道底宽、渠道高等具有全局参数特性,在水闸组成构件族中都有相应参数与之对应,因此可设置渠道底宽、渠道高全局参数,并将构件族的相关参数与之对应。这样,在项目中设置好全局参数后,不需逐一调整构件族中的相应参数。

(1)新建项目。标高 1"±0.000"为闸底板板顶高程。

(2)进入"楼层平面"-"标高 1"平面视图。创建两个参照平面作为渠道底宽的定位辅助,并进行尺寸标注。选中尺寸标注,点击"标签尺寸标注"栏的创建参数按钮,出现全局参数属性对话框,如图 11-31 所示。在名称栏输入"渠道底宽",点击"确定",则该标注建立了全局参数。说明,与类型参数不一样的是,建立标注的全局参数后,标注名称并不改为参数名称,点击选中时出现一个全局参数图标,如图 11-32 所示。

(3)进入"立面"-"南"立面视图。创建一个参照平面作为渠道高度的定位辅助,并进行尺寸标注。类似的,创建"渠道高"全局参数。

(4)放置族。进入"楼层平面"-"标高 1"平面视图,在"项目浏览器"-"族"分支中选中"梯形边坡族",右键创建实例。

(5)关联"族参数"与"全局参数"。选中创建的梯形边坡模型,点击属性栏"编辑类型"按钮,进入类型属性设置窗口。在"尺寸标注"栏找到"梯形边坡高"标注参数,点击其"值"右边的"关联全局参数"按钮,出现"关联全局参数"窗口,如图 11-33 所示。其中列出了刚才创建的全局参数,选择"渠道高",点击"确定",则梯形边坡族的"梯形边坡高"参数与全局参数"渠道高"建立了关联。

(6)进入"立面"-"南"立面视图。此时可以看到,梯形边坡的上表面已自动调整到与渠道高全局参数对应的参照平面对齐。利用对齐命令,将梯形边坡上表面线与参照平面锁定,如图 11-34 所示。

(7)测试全局参数。点击菜单栏"管理"-"全局参数",出现全局参数设置窗口,如图 11-35 所示。将渠道高的值调整为 3 000,点击"确定"。回到立面视图或三维视图,观察模型是否随参数变化。如果模型能随参数正确变化,则说明该族的参数已与全局参数

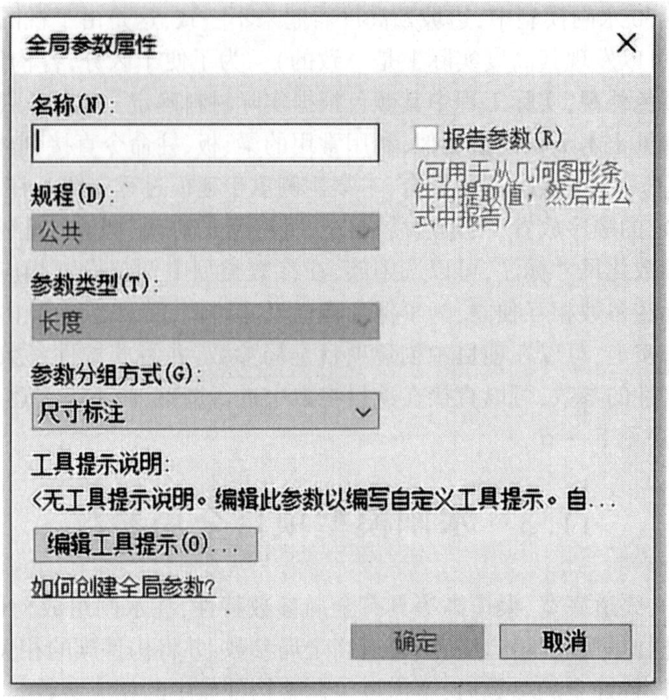

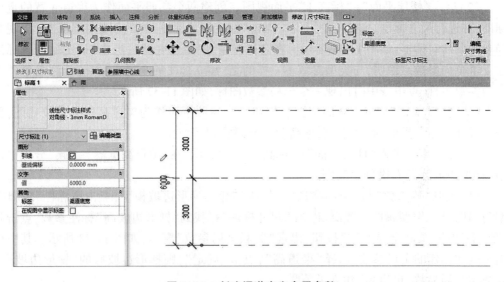

图 11-31　全局参数设置窗口

图 11-32　创建渠道底宽全局参数

建立关联。也可直接选中全局参数标注,点击标注名称旁的编辑图标,直接进入全局参数
设置窗口。

(8)关联渠道宽度全局参数。进入"楼层平面"-"标高 1"平面视图,在"项目浏览
器"-"族"分支中选中"平底板族",右键创建实例。选中底板,类似的,在其"属性"-"编
辑类型",将"平底板宽"与全局参数"渠道宽度"建立关联,并将相应边与参照平面进行锁

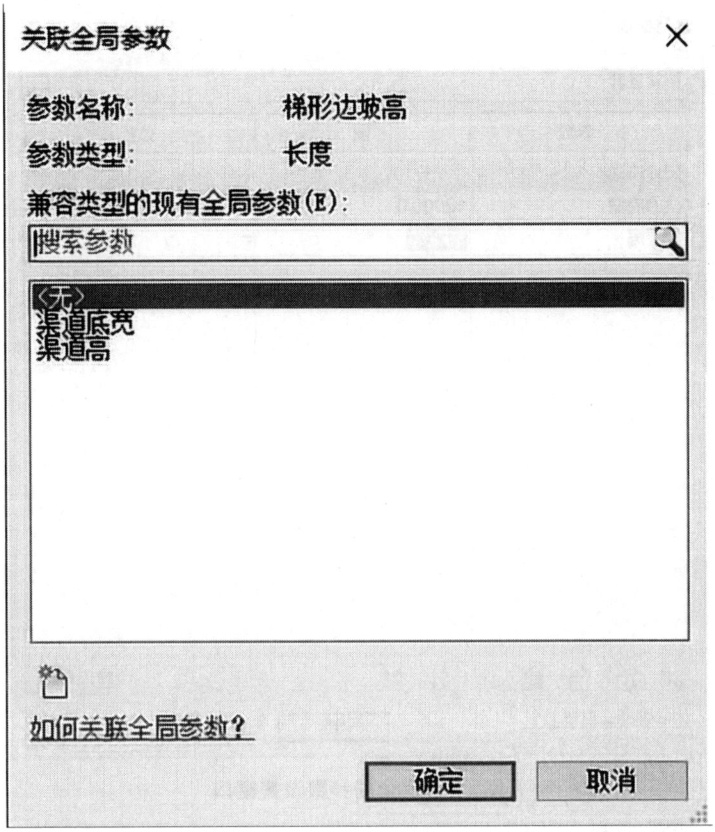

关联全局参数 ✕

参数名称: 梯形边坡高

参数类型: 长度

兼容类型的现有全局参数(E):

搜索参数 🔍

〈无〉
渠道底宽
渠道高

📄

如何关联全局参数?

确定　取消

图 11-33　关联全局参数窗口

图 11-34　锁定、关联全局参数

定。调整全局参数值,观察模型是否能正确随之变化。如没问题,则说明该族的参数已与全局参数"渠道宽度"建立关联。

至此,已建立了两个全局参数,并将相应的构件族参数与之关联。一般来说,当项目由许多构件组成时,这些构件族中有具有相同意义的族参数,则可在项目中创建全局参数,将这些相同的族参数与之关联。

图 11-35　全局参数设置窗口

12 模型修改与编辑及常用快捷命令

前面以房屋项目及水闸工程为例,介绍了 Revit 基本建模方法。本章介绍常用的模型修改、编辑及快捷命令。

12.1 "修改"选项卡

在应用程序菜单栏点击"修改",在功能区出现"修改"选项卡,如图 12-1 所示,其中列出了可修改模型图元的相关工具。

图 12-1 "修改"选项卡

当选中要修改的图元对象后,功能区会显示"修改 |×××"上下文选项卡,因选择的修改对象不同,其修改的上下文选项卡命名会有所不同,但上下文选项卡中修改命令面板是相同的。

12.2 编辑几何图形

在"修改"选项卡"几何图形"面板中的工具用于连接和修剪几何图形,主要是针对三维视图中的模型图元。

12.2.1 切割

"连接端切割"包括"应用连接端切割"与"删除连接端切割"两个工具,主要用在结构设计中梁和柱的连接端口的切割。

图 12-2 中梁端连接,在连接端多余部分需要切除。

(1)在"修改"–"几何图形"–"连接端切割",点击"应用连接端切割"按钮,首先选择被切割的钢梁构件(如 1 号梁),再选择作为切割工具的另一钢梁(如 2 号梁),随后系统自动进行切割,切割后效果如图 12-3 所示。从图中可以看出,1 号钢梁在端部已被 2 号钢梁切除。

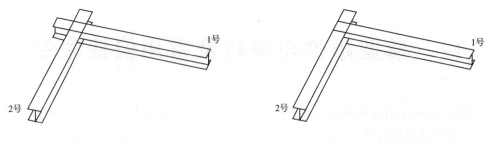

图 12-2　梁端连接　　　　　　　　　　　　图 12-3　梁端切割

（2）继续用 1 号钢梁切割 2 号钢梁端部。点击"应用连接端切割"按钮，首先选择 2 号梁，再选择 1 号梁，随即 2 号钢梁在端部被 1 号钢梁切除。

说明：若 1 号梁、2 号梁在连接端部多出的部分过长，则切除后，只是在连接处切断，多余的部分可能继续保留。因此，在切割前先用调整梁相交处多余部分长度。选中梁构件后，会在梁端出现拖曳构件端点或造型控制柄控制点，通过拖曳端点或控制点，可以缩短梁相交处梁端多出部分长度，以保证切除后多余部分不再保留。作为被切割的对象，如何判断其在梁端过长，没有明确的标注，用户可以先行切割，若切割效果不满足要求，可重新进行调整。

（3）"删除连接端切割"。若要重新进行切割，可删除连接端切割。点击"删除连接端切割"按钮，先选择被切割对象，再选择切割工具，则删除连接端切割。

12.2.2　剪切

剪切包括"剪切几何图形"和"取消剪切几何图形"。使用"剪切"工具可以从实心模型中剪切出空心的形状。剪切工具可以是实心的，也可以是空心的。

如图 12-4 所示，两面墙在相应位置重合，可以用剪切命令将一面墙重合的部分剪掉。

（1）"修改"–"几何图形"–"剪切"，点击"剪切几何图形"按钮，首先选择被剪切的图元（灰色墙体），再选择作为切割工具的另一图元（蓝色墙体），随后系统自动进行剪切。

（2）图 12-4 中原先是两面墙重叠，剪切是将被剪切图元的相应部分切除，剪切后在重叠处只剩下作为剪切体的墙体。选中作为剪切体的蓝色墙体，在视图工具栏点击"临时隔离/隐藏"将其隐藏，则可以看到被剪切图元剪切去相应部分后的形状，如图 12-5 所示。

（3）可利用"取消剪切几何图形"取消剪切。点击"取消剪切几何图形"按钮，依次选择被剪切对象和剪切工具，则取消剪切。

12.2.3　连接

连接主要用于两个或多个图元之间连接部分的清理。

12.2.3.1　连接几何图形

连接几何图形包括"连接几何图形""取消连接几何图形"和"切换连接顺序"等。

图 12-6 所示为柱与混凝土板相交，可用"连接几何图形"改变其连接关系。

（1）在"修改"–"几何图形"–"连接"，点击"连接几何图形"按钮，首先选取要连接的实心几何图元–板，再选取要连接到其上的实心几何图元–柱，随后系统自动完成连接，如

图 12-7 所示。

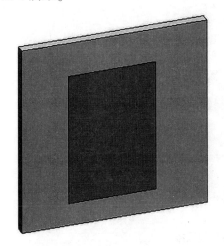

图 12-4 墙的剪切

图 12-5 墙被剪切后的形状

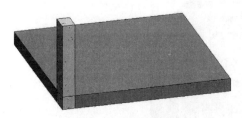

图 12-6 板柱连接

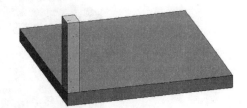

图 12-7 连接后的板与柱

（2）在"修改"-"几何图形"-"连接"，点击"取消连接几何图形"按钮，选取板，则连接取消。

（3）在"修改"-"几何图形"-"连接"，点击"切换连接顺序"按钮，则得到另外连接的效果。

12.2.3.2 连接/取消连接屋顶

此连接主要用于屋顶与屋顶连接，此工具只有创建了屋顶后才可使用。图 12-8 所示两屋顶相交，可利用"连接/取消连接屋顶"命令建立二者之间的连接关系。

（1）在"修改"-"几何图形"，点击"连接/取消连接屋顶"命令按钮，首先选取小屋顶上与大屋顶相交的一边（如图 12-9 中所示横线）；然后按信息提示选取大屋顶的相应连接面，随后系统自动完成连接。连接完成后，单独选取小屋顶时，可以看到小屋顶与大屋顶相交后面的部分已被切除。

（2）在"修改"-"几何图形"，再次点击"连接/取消连接屋顶"命令按钮，则取消刚才的连接。

12.2.3.3 梁/柱连接

"梁/柱连接"工具可以调整梁和柱端点的缩进方法。图 12-10 为钢梁与钢梁连接，以其为例来说明使用"梁/柱连接"工具调整其端部缩进方式。

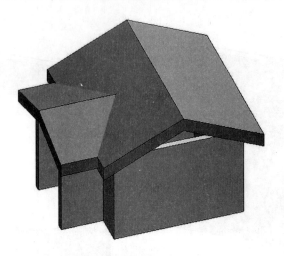

图 12-8　屋顶与屋顶的连接

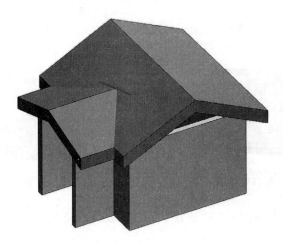

图 12-9　选取屋顶连接边

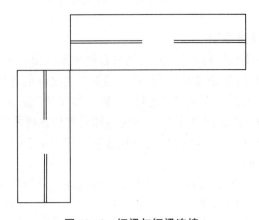

图 12-10　钢梁与钢梁连接

点击"修改"–"几何图形",点击"连梁/柱连接"命令按钮,在梁的端点处出现缩进箭头。点击相应箭头,可以调整控制缩进方向。可能出现的连接方式如图 12-11 所示。

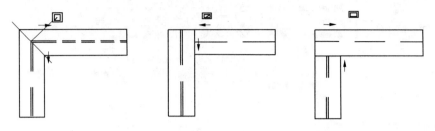

图 12-11 钢梁与钢梁不同的连接方式

12.2.3.4 墙连接

"墙连接"工具用来修改墙的连接方式,如斜接、平接和方接等。如图 12-12 所示两墙体连接,可使用"墙连接"工具切换两墙体连接方式。

点击"修改"-"几何图形",点击"墙连接"命令按钮。出现一方框,选中要连接的墙体,在功能区下方选项栏出现"配置"等按钮,选择不同的连接方式,如斜接,则两面墙自动斜接(见图 12-13)。在不同选择间切换,可以实现不同的连接方式。也可通过点击"上一个"或"下一个",实现连接方式的切换。

12.2.4 拆分面

"拆分面"工具将拆分图元的所选面,该工具不改变图元的结构。该工具可以在任何非族实例上使用,拆分面后,可使用"填色"工具为此部分应用不同材质。

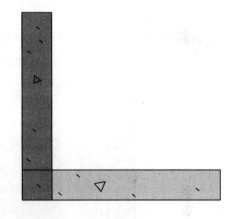

图 12-12 墙体连接方式

如图 12-14 所示,墙体上放置一套双开门,现在需要在门框三边周围设置不同的材质效果。

(1)在"修改"-"几何图形",点击"拆分面"命令按钮。

(2)选择要拆分的面(图 12-14 中的墙体)。

(3)用直线工具在墙面上门框边界绘制轮廓线,点击"修改"面板中的"偏移"工具,在选项栏设置偏移量为 200,分别拾取绘制的三条直线向外偏移。

(4)在"模式"区点击"√",完成拆分。拆分后效果见图 12-15。

12.2.5 拆除

"拆除"工具可以用来拆除部分墙体等图元,在建筑物装修阶段或后期更改设计阶段常用。选中要拆除的图元(如墙体),点击"修改"-"几何图形"-"拆除"命令按钮,即完成拆除。

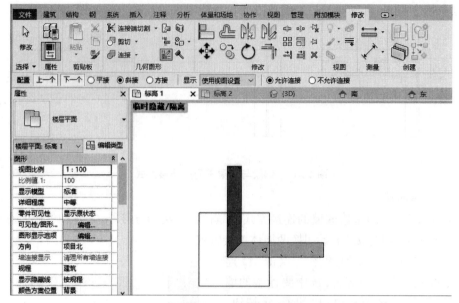

图 12-13　墙体斜接

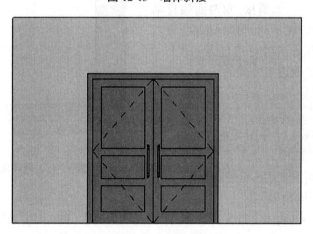

图 12-14　墙体及门

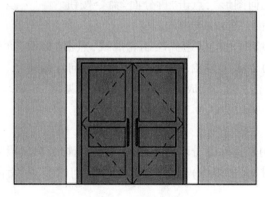

图 12-15　墙体拆分面

12.3　操作几何图形

"修改"选项卡中"修改"面板的相关工具,可对模型图元进行变换操作,如移动、对齐、旋转、缩放、复制、镜像、阵列、修剪与延伸等。

12.3.1　移动

"移动"可将图元移动到指定位置。选中要移动的图元,再单击"修改"面板中的"移动"按钮,选项栏显示移动选项,如图 12-16 所示。其中,勾选"约束"选项,则限制图元沿着与其垂直或共线的方向移动;勾选"分开"选项,则在移动前中断所选图元与其他图元之间的关联。点击图元选中其一参照点(如端点)开始移动图元。

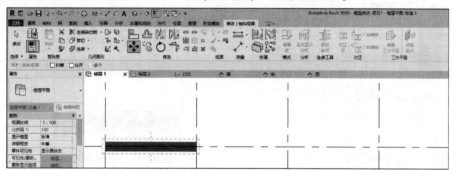

图 12-16　移动选项

12.3.2　对齐

"对齐"工具可将单个或多个图元与制定的图元对齐,属于一种移动操作。前面已多次运用"对齐"命令并进行锁定。

12.3.3　旋转

"旋转"工具用来绕轴旋转选定的图元。某些图元只能在特定的视图中进行旋转,如墙不能在立面视图中旋转、窗不能在没有墙的情况下旋转。选中要旋转的图元,单击"旋转"命令按钮,选项栏出现旋转选项,如图 12-17 所示。其中,分开:勾选该选项,则在旋转之前中断所选图元与其他图元之间的连接;复制:勾选该选项,可旋转所选图元的副本,而原位置上保留原始图元;角度:制定旋转的角度,然后按 Enter 键,Revit 将以制定角度执行旋转;旋转中心:默认的旋转中心是图元的中心,如果想要自己定义旋转中心,可以单击地点按钮,捕捉新点作为旋转中心。

图 12-17 中,需要将梁组成的框架旋转一个角度,选择图元,点击"旋转命令"后,以默认的旋转中心引出一条水平旋转起始线,作为旋转的参照,向上旋转需要的角度即可。

12.3.4　缩放

"缩放"工具适用于线、墙、图像、DWG 和 DXF 导入、参照平面及尺寸标注的位置。可

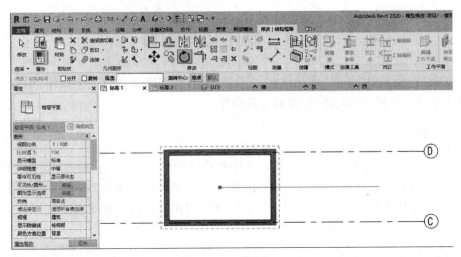

图 12-17　旋转选项

以图形方式或数值方式按比例缩放图元。

图 12-18 为一墙体,现在需要将其长度放大 2 倍。选中墙体,点击"修改",在"修改"面板下点击"缩放"命令按钮,在墙体上选择一原点及端点(原点与端点连线为基线),拖动虚线框(见图 12-19),拖动后基线的长度与原长的比值即为缩放的比例,当比例为 2 时,点击鼠标,则完成缩放。

图 12-18　缩放前的墙体

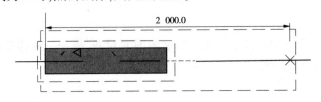

图 12-19　墙体缩放

12.3.5　复制

"复制"工具可复制所选图元到新的位置,仅在相同视图中使用,与"剪贴板"面板中的"复制到粘贴板"有所不同。"复制到粘贴板"工具可以在相同或不同视图中使用。

12.3.6　镜像

"镜像"也是一种复制类型工具,是通过指定镜像中心线(或叫镜像轴)、绘制镜像中心线后,进行对称复制的工具。

12.3.7　阵列

"阵列"工具可以创建线性阵列或者创建径向阵列(也叫圆周阵列)。

图 12-20 中,在一个轴网交点处放置了一个柱,现需在其他 4 个轴网交点处放置同样的柱,此时可以用"阵列"命令。

选中柱,点击"修改"面板的"阵列"图标按钮,出现图 12-20 所示的阵列选项栏。点击线性图标按钮,项目数改为 5,勾选"第二个"(以第一个图元与第二个图元之间的距离作为阵列控制方法),按 Enter 即可生成阵列,如图 12-21 所示。

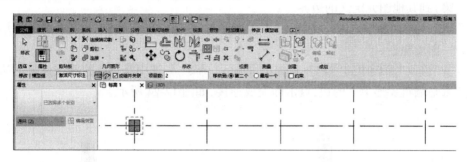

图 12-20　阵列选项栏

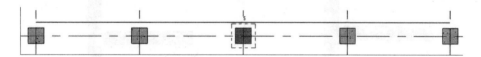

图 12-21　柱的线性阵列

图 12-22 为选择径向阵列所生成的沿圆周分布的柱。

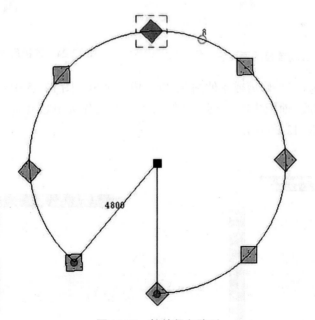

图 12-22　柱的径向阵列

12.3.8　修剪与延伸

修剪与延伸命令有"修剪/延伸为角""修剪/延伸单个图元""修剪/延伸多个图元"三个工具。

"修剪/延伸单个图元""修剪/延伸多个图元"可以修剪或延伸一个或多个图元(如墙、线、梁)到其他图元定义的边界。

图 12-23 中两面墙之间有空隙,并不相连,可以使用"修剪/延伸"命令延伸一面墙,使其与另一面墙相连。

点击"修改"面板中的"修剪/延伸单个图元"命令,先选中竖直墙的要被连接的边界,再选中水平墙将要连上去的边,点击即完成连接,如图 12-24 所示。

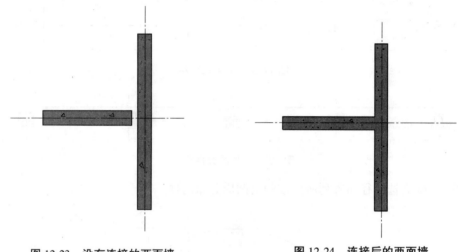

图 12-23　没有连接的两面墙　　　　　　图 12-24　连接后的两面墙

"修剪/延伸为角"将修剪或延伸图元,以形成一个角。图 12-25 中两面墙在角点处没有连接。点击"修改"面板中的"修剪/延伸为角"命令,先选中竖直墙,再选中水平墙,点击即完成连接,如图 12-26 所示。

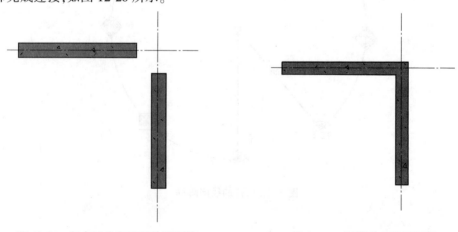

图 12-25　角点处没有连接的两面墙　　　　图 12-26　连接为角的两面墙

12.4 常用快捷命令

Revit 功能强大,需要在实践中逐步掌握相关功能与应用。Revit 快捷键有助于使用者提高建模效率,其常用快捷键见表 12-1、表 12-2。此外,用户可以根据需要在"文件"–"选项"–"用户界面",进行常用快捷键设置。

表 12-1 常用快捷键命令一

建模与绘图工具常用快捷键			捕捉替代常用快捷键		
序号	命令	快捷键	序号	命令	快捷键
1	墙	WA	1	捕捉远距离对象	SR
2	门	DR	2	象限点	SQ
3	窗	WN	3	垂足	SP
4	放置构件	CM	4	最近点	SN
5	房间	RM	5	中点	SM
6	房间标记	RT	6	交点	SI
7	轴线	GR	7	端点	SE
8	文字	TX	8	中心	SC
9	对齐标注	DI	9	捕捉到远点	PC
10	标高	LL	10	点	SX
11	高程点标注	EL	11	工作平面网格	SW
12	绘制参照平面	RP	12	切点	ST
13	模型线	LI	13	关闭替换	SS
14	按类别标记	TG	14	形状闭合	SZ
15	详图线	DL	15	关闭捕捉	SO

表 12-2 常用快捷键命令二

视图控制常用快捷键			编辑修改工具常用快捷键		
序号	命令	快捷键	序号	命令	快捷键
1	区域放大	ZR	1	删除	DE
2	缩放配置	ZF	2	移动	MV
3	上一次缩放	ZP	3	复制	CO

续表 12-2

视图控制常用快捷键			编辑修改工具常用快捷键		
序号	命令	快捷键	序号	命令	快捷键
4	动态视图	F8	4	旋转	RO
5	线框显示模式	WF	5	定义旋转中心	R3
6	隐藏线显示模式	HL	6	列阵	AR
7	带边框着色显示模式	SD	7	镜像-拾取轴	MM
8	细线显示模式	TL	8	创建组	GP
9	视图图元属性	VP	9	锁定位置	PP
10	可见性图形	VV	10	解锁位置	UP
11	临时隐藏图元	HH	11	对齐	AL
12	临时隔离图元	HI	12	拆分图元	SL
13	临时隐藏类别	HC	13	修剪/延伸	TR
14	临时隔离类别	IC	14	偏移	OF
15	重设临时隐藏	HR	15	在整个项目中选择全部实例	SA
16	隐藏图元	EH	16	重复上上个命令	RC
17	隐藏类别	VH	17	匹配对象类型	MA
18	取消隐藏图元	EU	18	线处理	LW
19	取消隐藏类别	VU	19	填色	PT
20	切换显示隐藏图元模式	RH	20	拆分区域	SF
21	渲染	RR			
22	快捷键定义窗口	KS			
23	视图窗口平铺	WT			
24	视图窗口层叠	WC			

参考文献

[1] 建筑信息模型应用统一标准:GB/T 51212—2016. [S]. 北京：中国建筑工业出版社,2017.

[2] 曹可杰,商黑旦. BIM 应用报告[R]. 中国勘测设计信息网：http://www. zkschina. com. cn/vision/show-269. html.

[3] 水利部宣传教育中心. BIM 技术水利行业应用舆情汇编报告[R],2020.

[4] 何凤,梁瑛. Revit2018 完全实战技术手册[M]. 北京:清华大学出版社,2018.

[5] 焦柯,杨远丰. BIM 结构设计方法与应用[M]. 北京:中国建筑工业出版社,2016.

[6] 朱溢镕,焦明明. BIM 概论及 Revit 精讲[M]. 北京:化学工业出版社,2018.

[7] 郎奕. BIM 技术基础[M]. 北京:中国建材工业出版社,2022.

[8] 胡仁喜,刘炳辉. Revit 2020 中文版从入门到精通[M]. 北京:化学工业出版社,2020.

参考文献